现代金属工艺实用实训丛书

现代管道工实用实训

陈斐明　刘富觉　编著

西安电子科技大学出版社

内 容 简 介

本书是为高职高专类建筑、环境工程、给排水、物业管理、化工等需要掌握一定管道工技能的专业而编写的实训指导教材。全书分别介绍了管道工识图方法，焊接管件放样、制作方法，镀锌管、铝塑复合管、PP-R 管、PVC-U 管等常用管材的性能和用途，以及螺纹连接、法兰连接、粘接、熔接、沟槽连接等连接方法的操作程序；书后附有 4 个实训项目，并提出了相应的要求。通过教、学、练的过程，可使学生在较短的时间内基本掌握管道工识图方法、焊接管件放样方法、常用管材及连接方法等知识和技能。

本书可作为高职高专院校相关专业教材使用，也可供相关工程技术人员参考使用。

金属工艺及安装工程实训指导丛书

前　言

本书注重突出职业技能教材的实用性，对管道工相关理论知识的介绍尽量做到简明扼要。书中介绍的内容是学习者应掌握的基本知识和基本操作技能，书中提供的典型实例都是成熟的操作工艺，便于学习者模仿和借鉴，减少了学习的弯路，使学习者能更方便、更好地运用到实际生产中去，是其从业和就业的良师益友。

本书是在多年成功的教学经验和成果的基础上，结合企业在新材料、新工艺等方面的研究成果，并参考了国内外有关著作和研究成果编写的，编写过程中还邀请了部分技术高超、技艺精湛的高技能人才进行示范操作。在此谨向有关参考资料的作者、参与示范操作的人员以及帮助出版的有关人员、单位表示最诚挚的谢意。

本书图文并茂，通俗易懂，言简意赅，是掌握管道施工技术的入门书，主要为高职在校学生编写，力求实用，便于自学。

由于编者水平有限，编写时间仓促，疏漏不当之处在所难免，敬请专家和读者朋友批评指正。

编　者

2014年12月

目　　录

第1章 管道概述

1. 管道系统及组成

管道系统是由管子、管件、阀门、检测元件、动力元件、管道附件等联接成的用于输送气体、液体或带固体颗粒的流体的装置；常用的建筑管道系统有给水系统、排水系统、燃气系统、消防系统等。

2. 管道工安全文明施工规程

管道工工作特点：工作流动性大、作业面宽，作业面平、立面相互交叉，露天作业较多，受气候条件影响大，作业环境条件差，施工现场复杂。

因此，为了保证施工人员的人身安全和工程质量，所有参加施工的人员都必须认真学习管道工安全文明施工规程并严格遵守该规程。

(1) 进入施工现场必须戴好安全帽，并正确使用个人劳动保护用品。

(2) 为高空作业搭设的脚手架必须牢固可靠，侧面应有栏杆，脚手架上架设的踏板必须结实，两端必须绑扎在脚手架上。

(3) 3 m 以上的高空、悬空作业，无安全设施的，必须系好安全带，扣好保险钩。

(4) 使用梯子(非人字梯)时，竖立的角度应大于35°小于60°，梯子上部应当用绳子系在牢固的对象上，梯子脚用麻布或橡皮包扎，或由专人在下面扶住，以防梯子滑倒。

(5) 高空作业使用的工具、零件等应放在工具袋内或放在妥善的地点；上下传递物品不能抛丢，应系在绳子上吊上或放下。

(6) 施工现场应整洁，各种设备、材料、废料、油类及易燃易爆物品应按有关规定分别在指定地点妥善存放；在施工现场应按指定的道路行走，注意与运转着的机械保持一定的安全距离。

(7) 开始工作前，应检查周围环境是否符合安全要求，如发现危及安全工作的因素必须立即报告，在清除不安全因素后才能进行施工。

(8) 吊装管子的绳索必须绑牢，吊装时要指定专人统一指挥，动作要协调一致；管子吊上支架后，必须装上管卡，不许浮放在支架上，以防掉下伤人；吊装区域非操作人员严禁入内，抱杆垂直下方不能站人。

(9) 与电有关的操作、焊接工作必须由具有相应操作证的人员施工，并严格执行有关安全操作规程，其他人员不得擅自进行操作。

(10) 安排工作时，应尽量避免多层同时施工；必须同时施工时，应设置安全隔离板或安全网，在下面工作的人员必须戴好安全帽。

(11) 在金属容器内或潮湿的场所工作时，所用照明行灯的电压应为 12 V 以下，其他地方也不能超过 24 V；搬运和吊装管子时，应注意不要与裸露的电线接触，以免发生触电事故。

(12) 在有毒性、刺激性或腐蚀性的气体、液体或粉尘的场所(如铅封、塑料焊接、油漆、石棉材料施工等)工作时，除应有良好的通风条件或适当的除尘设施外，施工人员必须戴上口罩、眼镜或防毒面具等防护用品。

(13) 开挖地沟前，应充分了解地下有无其他管线，开挖时必须做好防塌等安全措施；进入封闭地沟作业前必须充分通风，确认安全后再进入地沟施工，同时作业的人员不得少于 2 人。

(14) 电动工具或设备应有可靠的接地和漏电保护措施；在金属台(或板)上工作时，应穿上绝缘胶鞋或在工作台上铺设绝缘垫板；电动工具或设备发生故障时应及时修理。

(15) 操作旋转设备或使用锤子时不得戴手套；设备的调整应在停止状态下进行。

(16) 管道试压前，应检查管道与支架的紧固性和堵板的牢固性，确认安全后才能进行试压；压力较高的管道试压时，应划定危险区，并安排人员警戒；升压和降压都应缓慢进行；试验压力必须遵守设计或验收的规范，不得随意增加或减小。

(17) 管道脱脂和清洗用的溶剂、酸碱溶液是有毒、易燃易爆和腐蚀性物品，使用时应有必要的防护措施，工作地点应通风良好，并有适当的防火措施；脱脂剂不得与浓酸、浓碱接触，二氯乙烷与精馏酒精不能同时使用；脱脂后的废液应妥善处理。

(18) 管道吹扫的排气管应接到室外安全地点。用氧气、煤气、天然气吹扫时排气口应远离火源，用天然气吹扫时可在排气口将天然气点燃。

3. 常用管材

常用的管材有无缝钢管、镀锌钢管、铸铁管、U-PVC(聚氯乙烯)管、PE(聚乙烯)管、ABS(丙烯腈—丁二烯—苯乙烯)管、铝塑复合管、衬塑或涂塑钢管、不锈钢管、铜管、塑覆铜管、玻璃钢管等。国家经贸委、建设部、国家技术监督局、国家建材局《关于推进住宅产业现代化提高住宅质量若干意见的通知》要求，从 2001 年 6 月 1 日起，在城镇新建住宅中，禁止使用冷镀锌管作为室内给水管，并根据当地实际情况逐步限时禁止使用热镀锌钢管，推广应用铝塑复合管、PE(聚乙烯)管、PP(聚丙烯)管等新型管材，其中有条件的地方可推广应用铜管。

4. 常用管道的连接方法

常用管道的连接方法有：螺纹连接(丝接)、承插连接、粘接、熔接、法兰连接、胀管连接、焊接连接、沟槽连接、压接连接等。在管路系统中往往将几种连接方式同时运用。如图 1-1 所示。

一般管径在 150 mm 以下镀锌管路(如水、煤气管)常采用螺纹连接的方法。

法兰连接主要用于需要拆卸、检修的管路，例如水泵、水表、阀门等带法兰盘的附件在管路上的安装。

铸铁管、混凝土管、缸瓦管、塑料管等常采用承插连接。承插接口根据使用的材料不同分为铅接口、石棉水泥接口、沥青水泥接口、膨胀性填料接口、水泥沙浆接口、柔性胶圈接口等。

焊接连接有电焊、气焊、钎焊、塑料焊接几种。电焊、气焊常用于钢管的连接，钎焊适用于铜管的连接。

粘接和熔接常用于塑料管道的连接。

沟槽连接适用于镀锌管、钢管的连接。

压接连接常用于橡胶管、覆钢塑料管的连接。

图 1-1 管道连接方法

第 2 章　室内给排水管道施工图的识读

2.1 基本概念

管道施工图是管道工程中用来表达和交流技术思想的重要工具，设计者用它来表达设计意图，施工人员依据它可以独立进行施工。因此，人们把施工图称为工程的语言。

管道施工图按专业用途分为化工工艺管道施工图、采暖通风管道(如采暖、通风、制冷管道等)施工图、动力管道(如氧气、乙炔、煤气、压缩空气、热力管道等)施工图、给排水管道施工图、自控仪表管道施工图等。在一套图纸中，根据图纸的表达方式和意图的不同，可将其分为图纸目录、施工图说明、设备材料表、流程图、平面图、系统轴测图、立面图、剖面图、节点图、大样图、标准图等部分。

(1) 图纸目录。图纸目录是设计人员把某个工程的所有图纸按一定的图名和顺序归纳编排而成的目录，以方便使用者查找和管理。通过图纸目录我们可以知道设计单位、工程名称、地点、图纸名称和编号。

(2) 施工图说明。凡在图样上无法表示出来而又非要施工人员知道的一些技术和质量方面的要求，一般都用文字形式加以说明，内容通常包括工程的主要技术数据、施工和验收的要求及注意事项等。

(3) 平面图。平面图是施工图中最基本的一种图样，它主要表示建(构)筑物内给水和排水管道及有关卫生器具或用水设备的平面分布，指出管线的位置、走向、排列和各部分的长度尺寸，以及每根管子的管径和标高等具体数据。

(4) 立面图和剖面图。立面图和剖面图主要表达建(构)筑物和设备、管线的立面布置和走向，以及每路管线的编号、管径、标高等具体数据。

(5) 系统轴测图。系统轴测图是根据轴测投影原理绘制的管道系统立体图，是管道施工图中的重要图样，它能在一个图面上同时反映管线的空间走向和相对位置，帮助我们想象管线的布置情况，减少看正投影图的困难。系统轴测图有时也能替代立面图或剖面图。室内给排水或采暖工程图主要由平面图和系统轴测图组成，一般情况下不画立面图和剖面图。

我们知道，一个立体形状的物体可以在平面图中用一个三维坐标系来表示。同样，空间走向的管道系统也可以在平面图中用一个三维坐标系来表示。管道施工图中使用的系统轴测图有正等测图和斜等测图两种，它们的坐标系分布如图 2-1 和图 2-2 所示，常用的是斜等测图。

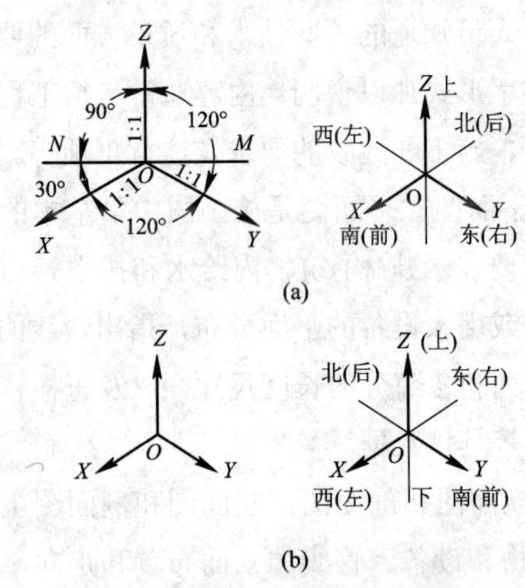

图 2-1　正等测图坐标系及选择方式

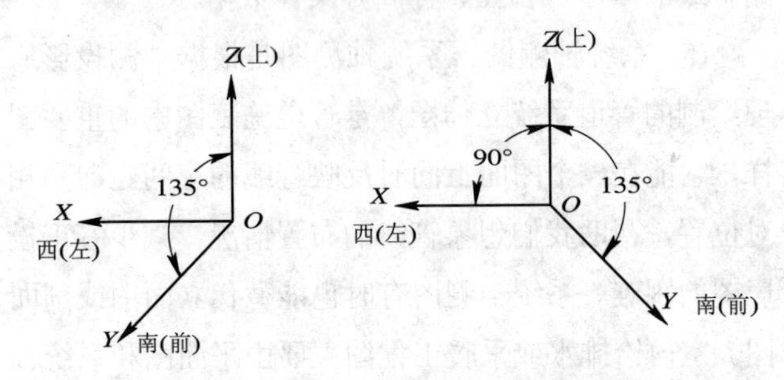

图 2-2　斜等测图坐标系及选择方式

(6) 节点图。节点图是对平面图及其他施工图所不能反映清楚的某一部分图形的放大，以便清楚地表示该部分的详细结构和尺寸。

(7) 大样图。大样图是详细表示一组设备的配管或一组管配件组合安装的图纸。大样图的特点是用双线图表示，使物体有真实感，并对组装的各部位的详细尺寸都进行了标注。

(8) 标准图。标准图是一种具有通用性质的图样。标准图标有成组的管道、设备或部件的具体图形和详细尺寸，但是它一般不能用作单独进行施工的图纸，而只能作为某些施工图的一个组成部分。一般由国家或有关部委出版标准图集，作为国家标准、部颁标准或行业标准的一部分予以颁发。

(9) 图例。施工图上的管件和设备一般是采用示意性的图例符号来表示的，这些图例符号既有相互通用的，也有各种专业施工图中一些各自不同的图例符号。为了看图方便，一般在每套施工图中都附有该套图纸所用到的图例。

(10) 设备材料表。设备材料表是该项工程所需的各种设备和各类管道、管件、阀门、防腐和保温材料的名称、规格、型号、数量的明细表。

(11) 流程图。流程图是对一个生产系统或装置的整个工艺流程的表示，通过它可以对设备的位号、建(构)筑物的名称及整个系统的仪表控制点(如温度、压力、流量等的监测)有一个全面的了解，同时对管道的规格、编号、输送的介质及主要控制阀门等也有一个确切的了解。室内给排水工程图中不包含流程图。

(12) 标题栏。标题栏以表格的形式画在图纸的右下角，内容包括图名、图号、项目名称、设计者姓名、图纸采用的比例等。

(13) 比例。管道图纸上的长度与实际长度相比的关系叫做比例，是制图者根据所表示部分的复杂程度和画图的需要选择的比例关系。

(14) 标高。标高是表示管道或建筑物高度的一种尺寸形式。标高有绝对标高和相对标高两种。绝对标高是以我国青岛附近黄海的平均海平面作为零点的；相对标高一般以建筑物的底层室内主要地平面为该建筑物的相对标高的零点，用±0.000 表示。标高的标注形式如图 2-3 和图 2-4 所示，标高符号用细实线绘制，三角形的尖端画在标高的引出线上表示标高的位置，尖端的指向可以向上也可以向下。标高值是以米为单位的，高于零点的为正(如 5.000 表示高于零点 5 m)，低于零点的为负(如−5.000 表示低于零点 5 m)。一般情况下，地沟标注沟底的标高，压力管道标注管中心的标高，室内重力管道标注管内底标高。

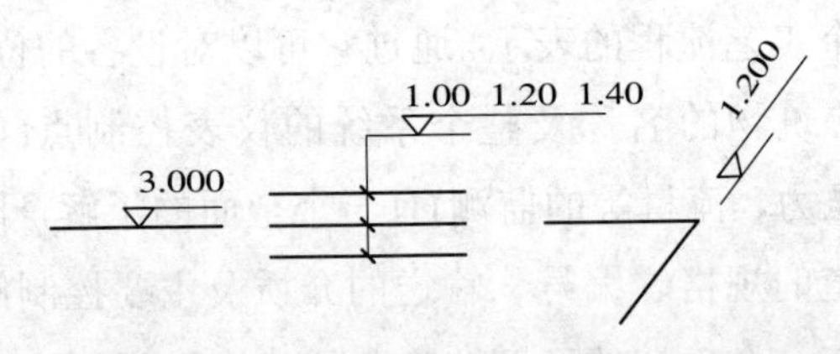

图 2-3　平面图与系统图中管道标高的标注

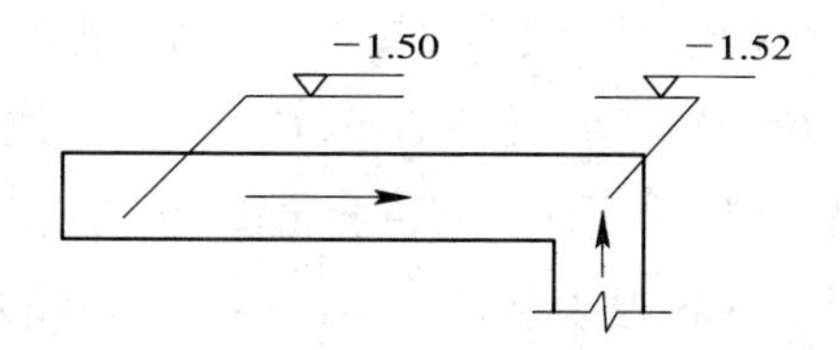

图 2-4　平面图地沟标高的标注

(15) 方位标。方位标是用以确定管道安装方位基准的图标,画在管道底层平面图上,一般用指北针、坐标方位图、风玫瑰图等表示建(构)筑物或管线的方位，如图 2-5 所示。

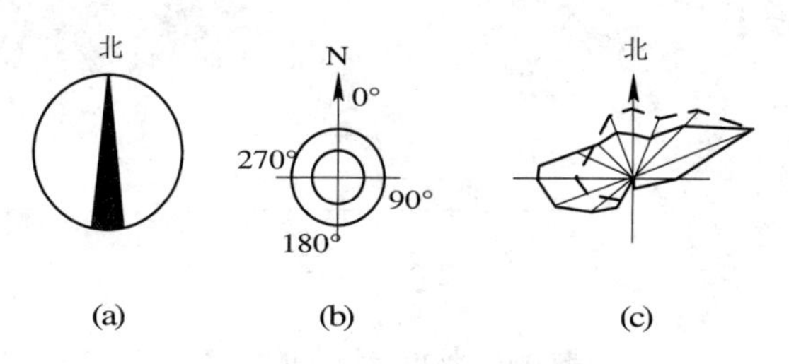

图 2-5　方位标的常见形式

(a) 指北针；(b) 坐标方位图；(c) 风玫瑰图

(16) 坡度及坡向。坡度及坡向表示管道倾斜的程度和高低方向。坡度用符号“*i*”表示，在其后加上等号并注写坡度值(米)；坡向用单面箭头表示，箭头指向低的一端，如图 2-6 所示。

(17) 管径的标注。如图 2-7 所示，施工图上的管道必须按规定标注管径，管径尺寸以 mm 为单位，在标注时通常只写代号与数字而不再注明单位。低压流体输送用焊接钢管、镀锌焊接钢管、铸铁管等，管径以公称直径(*DN*)表示，如 *DN*15、*DN*20 等；无缝钢管、直缝或螺旋缝电焊钢管、有色金属管、不锈钢钢管等，管径以外径×壁厚表示，如 *D*108×4、*D*426×7 等；耐酸瓷管、混凝土管、钢筋混凝土管、陶土管(缸瓦管)等，管径以内径表示，如 *d*230、*d*380 等；塑料管管径可用外径表示，如 *D*20、*D*110 等，也可以按有关产品标准表示，如 LS/A—1014 表示标准工作压力 1.0 MPa、内径为 10 mm、外径为 14 mm 的铝塑复合管。

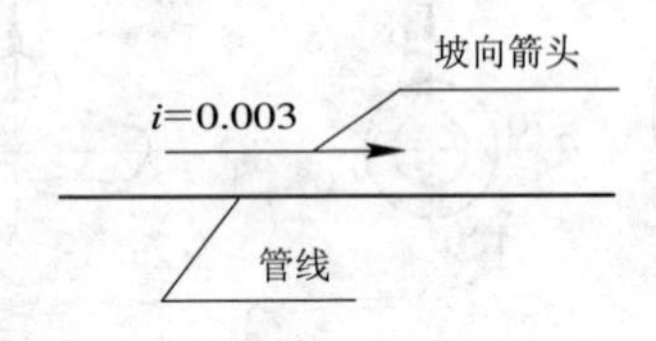

图 2-6　坡度及坡向的标注

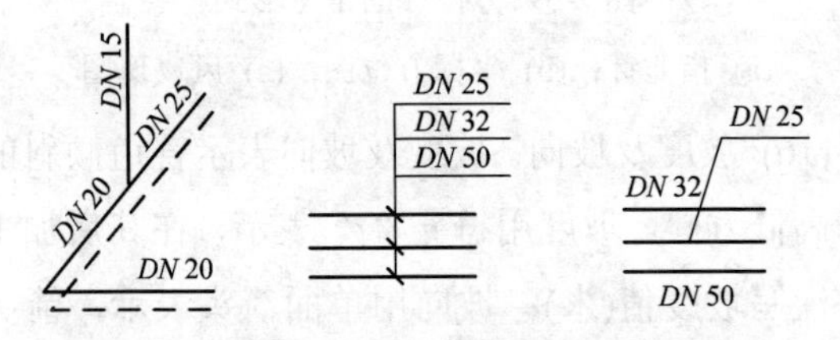

图 2-7　管径的标注方式

(18) 管线编号及其标注方法。当管线多于一根时，必须进行编号。建筑给排水工程图中常用“*J*”表示给水管，用“*P*”表示排水管，如图 2-8 所示。

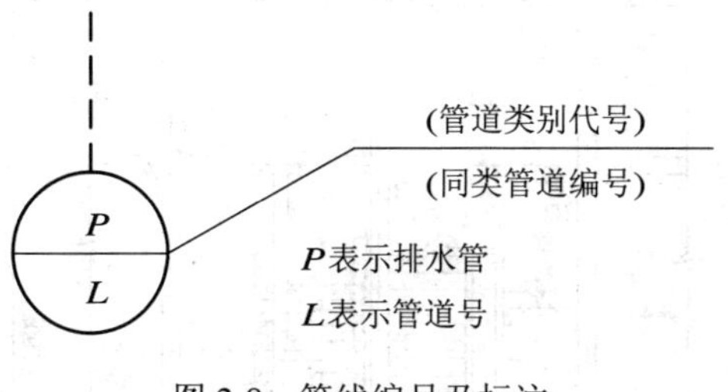

图 2-8　管线编号及标注

2.2　施工图的阅读

阅读管道施工图一般应遵循从整体到局部、从大到小、从粗到细的原则。对于一套图纸，看图的顺序是先看图纸目录，了解建设工程的性质、设计单位、管道种类，搞清楚这套图纸有多少张、有几类图纸以及图纸编号；其次是看施工图说明、材料表等一系列文字说明；然后把平面图、系统图、详图等交叉阅读。对于一张图纸而言，首先要看标题栏，了解图纸名称、比例、图号、图别等，然后对照图例和文字说明进行细读。图 2-9、图 2-10 和图 2-11 是一栋三层结构的小型办公楼给排水施工图，试对其进行阅读。

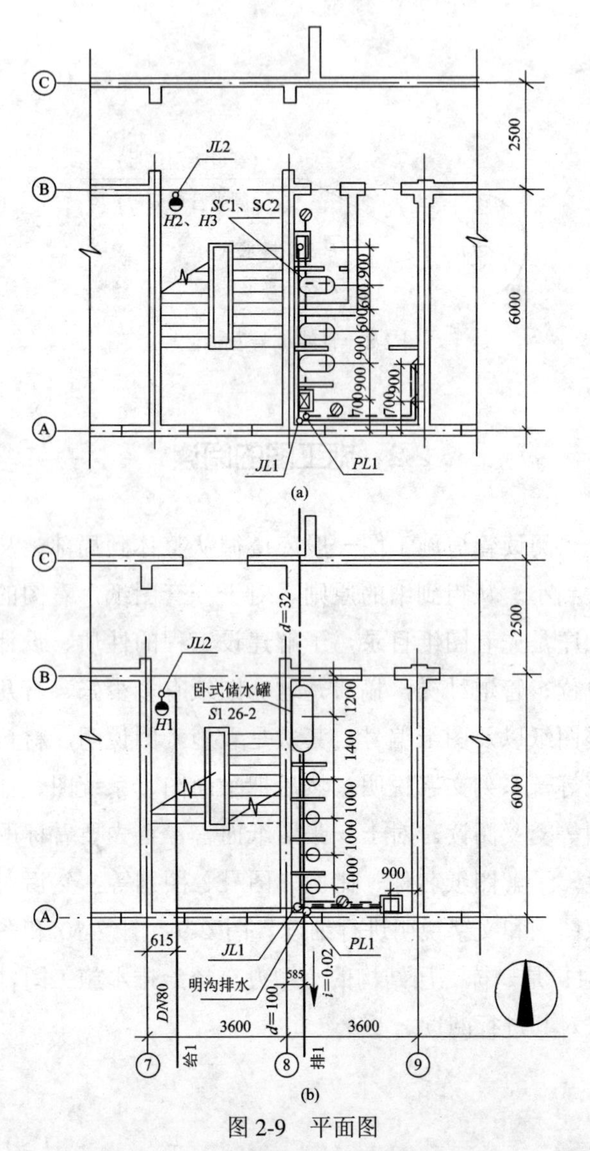

图 2-9　平面图

(a) 二、三层平面图；(b) 底层平面图

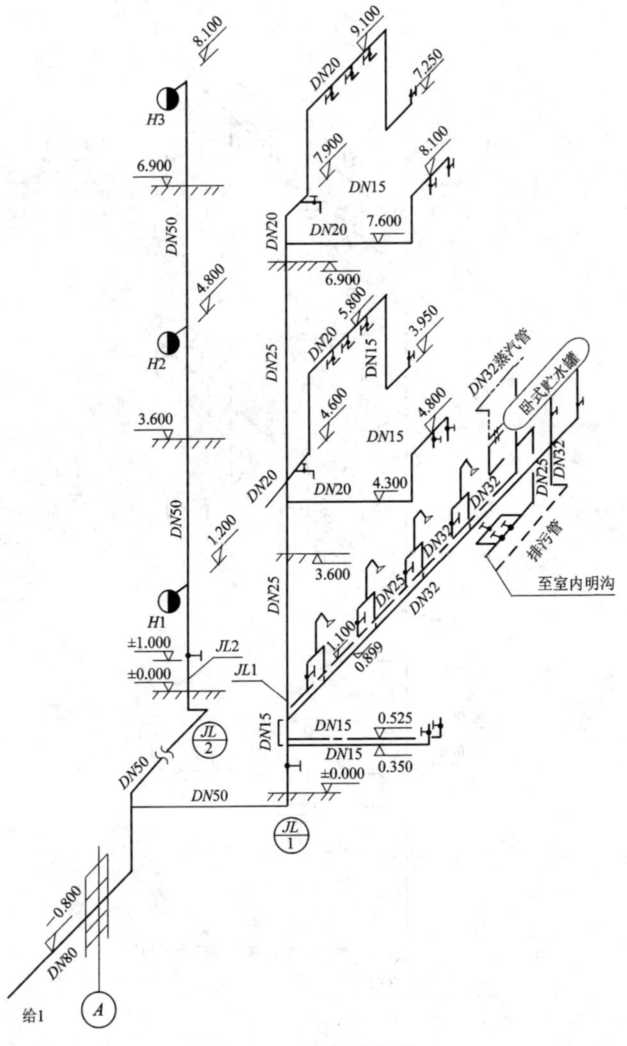
8.100
9.100
DN20
7.250
H3
6.900
7.900
8.100
DN15
DN20
7.600
DN50
DN20
6.900
4.800
5.800
DN20
DN15
3.950
DN25
H2
DN32蒸汽管
卧式贮水罐
3.600
4.600
4.800
DN15
DN20
DN20
4.300
DN32
DN25
DN32
DN50
1.200
DN32
DN25
排污管
3.600
DN25
DN32
至室内明沟
H1
1.100
0.899
±1.000
JL2
±0.000
JL1
DN15
DN15
0.525
DN15
0.350
JL
2
DN50
±0.000
DN50
JL
1
−0.800
DN80
给1
A

图 2-10　给水系统图

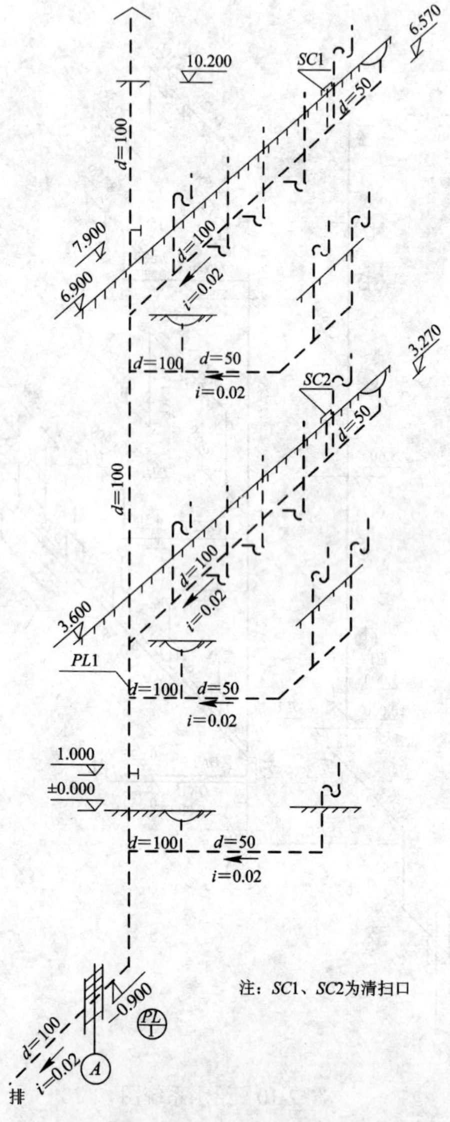
10.200
SC1
6.570
d=50
d=100
7.900
6.900
d=100
i=0.02
d=100
d=50
i=0.02
3.270
SC2
d=50
d=100
d=100
i=0.02
3.600
PL1
d=100
d=50
i=0.02
1.000
±0.000
d=100
d=50
i=0.02
-0.900
d=100
i=0.02
A
排
注：SC1、SC2为清扫口

图 2-11　排水系统图

从平面图中，我们可以了解建筑物的朝向、基本构造、有关尺寸，掌握各条管线的编号、平面位置、管子以及管路附件的规格、型号、种类、数量等；从给排水系统图中，我们可以看清管路系统的空间走向、标高、坡度和坡向、管路出入口的组成等。

通过对管道平面图的识读可知底层有淋浴间，二层和三层有厕所间。淋浴间内设有四组淋浴器，一只洗脸盆，还有一个地漏。二楼厕所内设有高水箱蹲式大便器三套、小便器两套、洗脸盆一只、洗涤盆一只、地漏两只。三楼厕所内卫生器具的布置和数量都与二楼相同。每层楼梯间均设一组消防栓。

给水系统(用粗实线表示)是生活与消防共用下分式系统。给水引入管在 7 号轴线东面 615 mm 处，由南向北进屋，管道埋深 0.8 m，进屋后分成两路，一路由西向东进入淋浴室，它的立管编号为 *JL*1，在平面图上是个小圆圈；另一路进屋继续向北，作为消防用水，它的立管编号是 *JL*2，在平面图上也是一个小圆圈。

*JL*1 设在 *A* 号轴线和 8 号轴线的墙角，自底层至标高 7.900 m。该立管在底层分两路供水，一路由南向北沿 8 号轴线墙壁敷设，标高为 0.899 m，管径 *DN*32，经过四组淋浴器进入卧式储水罐；另一路由西向东沿 *A* 轴线墙壁敷设，标高为 0.350 m，管径 *DN*15，送入洗脸盆。在二层楼内也分两路供水，一路由南向

北，标高 4.600 m，管径 *DN*20，接龙头为洗涤盆供水，然后登高至标高 5.800 m，管径 *DN*20，为蹲式大便器高水箱供水，再返低至标高 3.950 m，管径 *DN*15，为洗脸盆供水；另一路由西向东，标高 4.300 m，至 9 号轴线登高到标高 4.800 m 转弯向北，管径 *DN*15，为小便器供水。三楼管路走向、管径、设置形式均与二楼相同。

*JL*2 设在 *B* 号轴线和 7 号轴线的楼梯间内，在标高 1.000 m 处设闸门，消火栓编号为 *H*1、*H*2、*H*3，分别设于一、二、三层距地面 1.20 m 处。

在卧式储水罐 *S*1 26－2 上，有五路管线同它连接：罐端部的上口是 *DN*32 蒸汽管进罐，下口是 *DN*25 凝结水管出罐(附一组由内疏水器和三只阀门组成的疏水装置，疏水装置的安装尺寸与要求详见《采暖通风国家标准图集》)，储水罐底部是 *DN*32 冷水管进罐，顶部是 *DN*32 热水管出罐，底部还有一路 *DN*32 排污管至室内明沟。

热水管(用点划线表示)从罐顶部接出，加装阀门后朝下转弯至 1.100 m 标高后由北向南为四组淋浴器供应热水，并继续向前至 *A* 轴线墙面朝下至标高 0.525 m，然后自西向东为洗脸盆提供热水。热水管管径从罐顶出来至前两组淋浴器为 *DN*32，后两组淋浴器热水干管管径 *DN*25，通洗脸盆一段管径为 *DN*15。

排水系统(用粗虚线表示)在二楼和三楼都是分两

路横管与立管相连接的：一路是由地漏、洗脸盆、三只蹲式大便器和洗涤盆组成的排水横管，在横管上设有清扫口(图面上用 *SC*1、*SC*2 表示)，清扫口之前的管径为 *d*50，之后的管径为 *d*100；另一路是由两只小便器和地漏组成的排水横管，地漏之前的管径为 *d*50，之后的管径为 *d*100。两路管线坡度均为 0.02。底层是洗脸盆和地漏所组成的排水横管，属埋地敷设，地漏之前管径为 *d*50，之后为 *d*100，坡度为 0.02。

排水立管及通气管管径为 *d*100，立管在底层和三层分别距地面 1.00 m 处设检查口，通气管伸出屋面 0.7 m。排出管管径为 *d*100，过墙处标高为–0.900 m，坡度为 0.02。

第3章 常用焊接管件的放样与制作

图 3-1 是深圳自来水公司在某处的一段自来水管路，该管路采用 $DN500\times6$ 直缝焊接钢管，根据设计要求，管路在此处水平面内需要作 20° 的转弯变向。从图中我们可以看出，施工时焊上一个俗称“弯头”的管道连接件(20°等径马蹄弯，由图中 2、3 两节管子组成)以达到转向的目的。

图 3-1 弯头在管路中应用

管路敷设中除了要转弯以外，还需要从主管上引出分支管路供各个用户使用，这就需要另外一个叫“三通”的管道连接件来连接主管和支管。由于管网中干管与支管设计的流量不同，各自的管道直径大小自然不一样，因而又要采用一种叫“大小头”的变径连接件。类似的连接件还有不少，但用得最多的是上面三种。这些在管网系统中经常用来转弯、分支、变径和具有其他用途的管道连接件统称管路配件，简称管件。一般小口径的、常用角度(90°、45°)管件可以在商店中直接购买，或采用冷弯、热弯等加工方法自己制作。绝大部分大管径管件都要根据现场实际情况制作安装，焊接管件即为其中最常用的一类。

下面介绍常用焊接管件的制作过程和展开放样技术，重点是展开样板的制作。

3.1 焊接管件的制作过程

焊接管件的制作安装程序概括起来就是实地测绘、按图加工、准确安装、检测合格。管道施工中，由于安装现场变数较多，预制的焊接管件用于实际安装时往往要做很多改动，增加不少工作量，有时甚至不能用，而由施工技术人员现场测绘的管件图是制作的可靠依据，可见，管件安装施工是否顺利，管件图的测绘是很重要的；管件制作的质量也很重要，有管件安装经历的人都知道，即使尺寸与形位的超差看起来不大，但是在现场组装时带来的麻烦也不小。

一般焊接管件的制作过程如图 3-2 所示。

生产准备 → 放样 → 下料 → 成形 → 装配 → 连接 → 表面处理

图 3-2　一般焊接管件的制作过程

生产准备　一般包括三个方面的准备：一是技术准备，主要包括熟悉图纸，制定工艺方案，编写生产计划；二是场地设施准备，主要包括整理场地，设备到位，设施配套；三是人员材料等方面的准备，即人、财、物方面的准备。

放样　又称展开放样。展开放样是根据管件的表面形状、空间尺寸把成形加工前板坯的平面图形画出来，并做成相关的样板供后续工序使用。展开放样是管件制作中的关键技术。

下料　又称落料、备料，指在板材(或管材)上用样板套料划线并按此线把坯料切割下来的工艺过程。

成形　成形就是采用锤打、弯折、辊压等各种塑性加工手段改变板坯的大小形状，使之成为我们需要的形状、尺寸。成形的常用方式有手工成形、机械成形和特种成形。

装配　装配是决定产品整体质量的重要工序，包括单件成形后的接缝装配和零部件组装。在装配工序，我们按图纸给出的结构和精度要求，运用各种装配手段、工具和工装设备，将零部件组合、定位、固定，保持互相配合的零部件有正确的结构、大小、形状和相对位置。

连接　将装配好的接缝用指定的连接方式(如焊接、粘接、熔接等)完全连接成一个整体。

表面处理　按设计要求对管件内、外表面进行清理和防腐等处理。

上述焊制管件制作过程中，展开放样是关键的一步。因为，没有精确的样板绝对不可能做出合格的产品，而且展开放样要求操作者有较好的数理基础和空间概念。初入此门，有点难度，因此我们的学习重点就展开放样和样板制作。

3.2 展开放样技术

1. 什么是展开放样

把立体件的表面按其实际形状和大小摊平在一个平面上，称为立体表面的展开；展开后所得的图形叫展开图或称放样图，如图 3-3、图 3-4 所示。它的逆过程，即把平面图形作成空间曲面，通常叫成形过程。

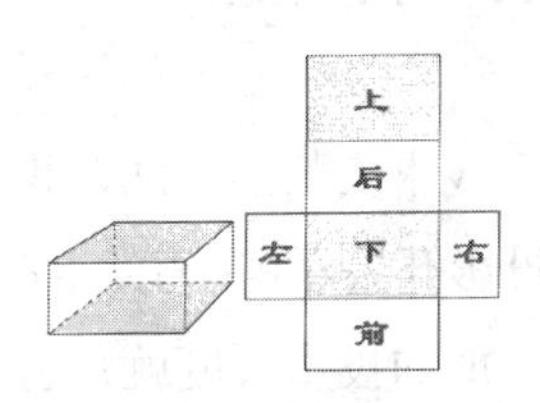

图 3-3 长方体展开图

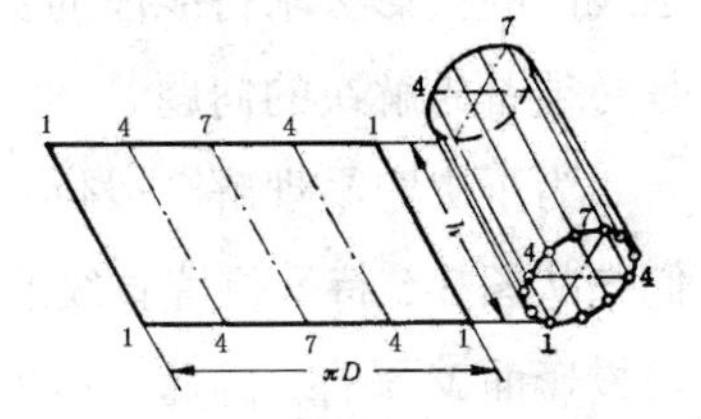

图 3-4 圆柱面的展开图

目前，展开的方法主要有几何法展开、计算法展开、计算机辅助展开。几何法展开，准确一点，应叫几何作图法展开；展开过程中，求实长和画展开图都是用几何作图的方式来完成的。计算法展开，顾名思义，要通过计算，其实在展开过程中，它只是用计算的方法求实长，画展开图还是用几何作图。计算机辅助展开是指利用计算机软件辅助展开，计算机辅助展开的应用软件有很多，如利用 CAD 软件在电脑上用几何法展开，快捷精确、效果很好；在数控切割机上，计算机辅助展开和计算机辅助切割，二者可以同时完成，生产效率更高。而几何作图法是各种展开方法的基础，本书篇幅有限，只介绍几何作图法。

2. 展开放样的作图基础

1) *求空间一般位置直线的实长的方法*

零件的设计图是展开放样的依据，其表示方式是平面视图。而零件上实际组成线段在该视图上的投影的长度不一定反映实际长度(简称实长)，而展开图比例为 1∶1，必须按实长绘制。因此，怎样通过各视图上线段的投影去求得线段的实长，对展开放样来说，是必须首先解决的问题。

为了更容易理解一般位置直线求实长的方法，我们先从图 3-5 特殊位置直线的投影开始，图中直线 *AB* 与投影面 *V* 平行，因此，其在 *V* 面的投影长度就是它的实长；从另一个角度看，由于直线 AB 垂直于 *Y* 轴，因此，其在 *H* 面和 *W* 面的投影 *ab*、*a*"*b*" 组成的直角三角形的斜边就是 *AB* 的实长。

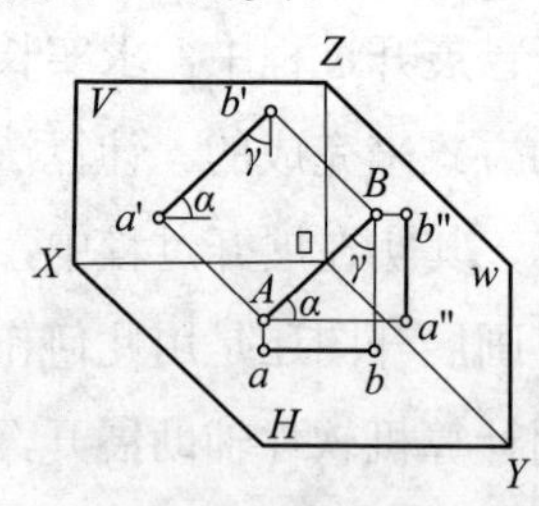

图 3-5　特殊位置直线的投影

根据上图的分析，图 3-6 中，一般位置直线 ***AB*** 的实长我们可以通过 ***ab*** 与 Δz 组成的直角三角形的斜边表示。同理，***a'b'*** 与 Δy、***a"b"*** 与 ΔX 组成的直角三角形的斜边同样是 ***AB*** 的实长。

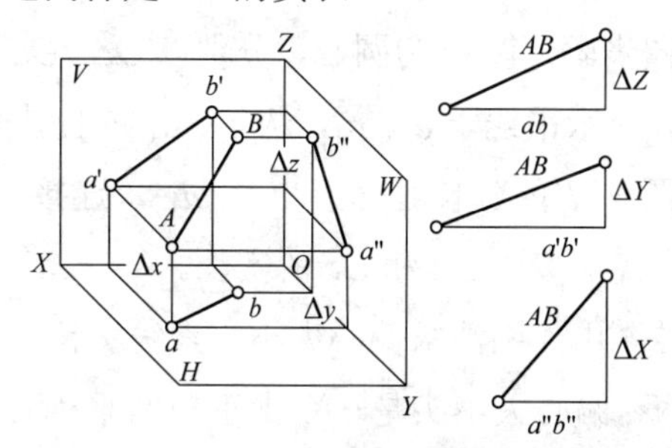

图 3-6　一般位置直线的实长

例 1：用作图法求图 3-7 斜棱锥棱线的实长

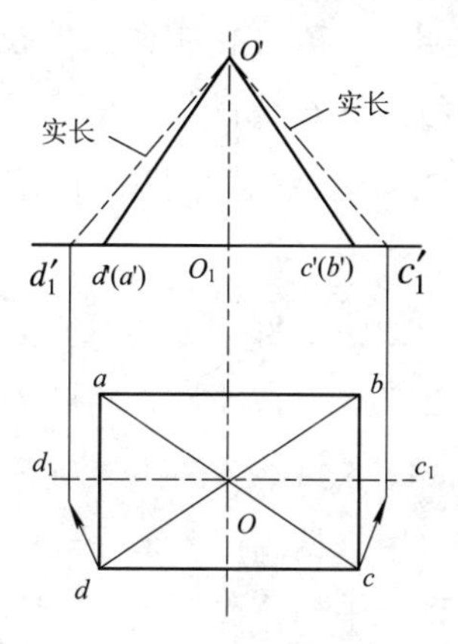

图 3-7　斜棱锥棱线的实长

分析：从投影图中可以看出，斜棱锥的底面平行于水平面，它的水平投影反映其实形和实长。其余的四个侧面是两组三角形，其投影都不反映实形。要求得两组三角形的实形，必须求出其棱线的实长。由于形体前后对称，所以只要求出两条侧棱 Od 和 Oc 的实长即可画出展开图。

作图步骤：以 O 为圆心，分别以 Oc、Od 为半径作旋转，交水平线于 c_1、d_1，从 c_1、d_1 向上引垂直线，与主视图 $c'd'$ 的延长线交于 c_1'、d_1'，连接 $O'c_1'$、$O'd_1'$，就是棱边 Od 和 Oc 的实长。

例 2：用作图法求偏心大小头素线实长

分析：偏心大小头是一个上下口面平行且关于中面 $O17$ 前后对称的斜锥台，是斜锥切掉上面小锥形成的，从图 3-8(a)可以看出，在△$O17$ 中，$O1$ 是斜锥的高，16 是素线 $O6$ 在俯视图上的投影。因为 $O1$ 垂直于底面，故△$O16$ 是直角三角形；而素线 $O6$ 是该直角三角形的斜边。这就是我们求斜锥素线实长的依据。

作图方法：如图 3-8(b)所示，① 以 17 线的中心点为圆心，17/2 为半径画半圆，将圆周 12 等分得等分点 1、2、3、4、5、6、7(注：半圆 6 等分，等分数越多画出的展开图越精确)，各等分点与点 1 的连线即为各素线在水平面上的投影；② 以点 1 为圆心，分别以 12、13、14、15、16 为半径画弧交于 17 线，即得到各素线的实长。

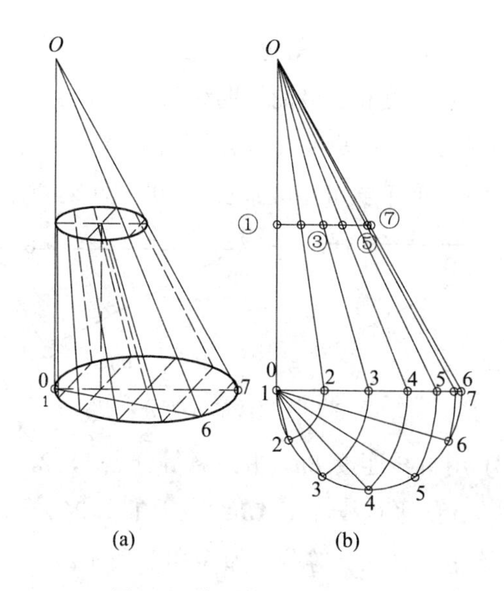

图 3-8　偏心大小头素线实长

2) 作直线的等分线段

(1) 直线 AB 的 2 等分方法：分别以点 A、B 为圆心，以稍大于 $AB/2$ 为半径画弧，分别交于点 1、2，连接点 1、2 与直线 AB 交于 O 点，O 点即为等分点，如图 3-9 所示。

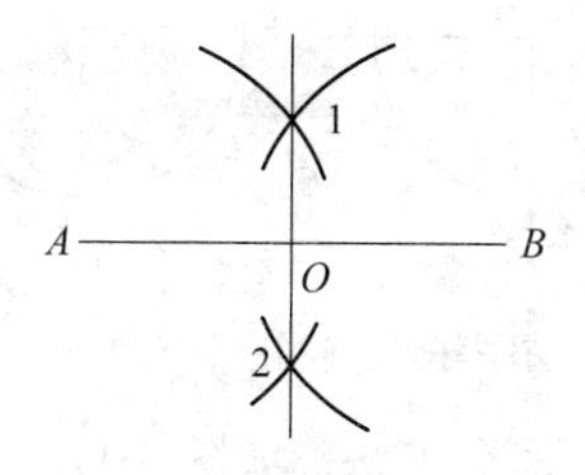

图 3-9　直线的 2 等分

(2) 直线 AB 作 n 等分的方法：① 过直线 AB 端点 A 作任意角度和长度的辅助线 An。② 从 A 点开始，用圆规任取相同距离在直线 An 上取 n 等分点 1, 2…, n，若 An 长度不够可相应延长，如图 3-10(a)所示。

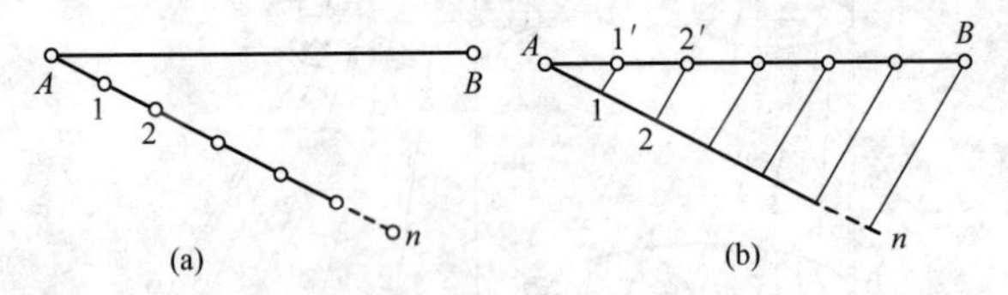

图 3-10　直线的 n 等分

(3) 用直线连接 Bn，并过各等分点 1，2，…，n 分别作 Bn 的平行线，交 AB 线段于 1′，2′，…，B，完成直线段 AB 的 n 等分，如 3-10(b)所示。

3) 圆的等分方法

(1) 圆的三等分方法：如图 3-11(a)所示，AD 和 FB 两直径互相垂直，以点 D 为圆心，R 为半径画弧交圆周于点 C、E，则 A、C、E 三点将圆三等分。

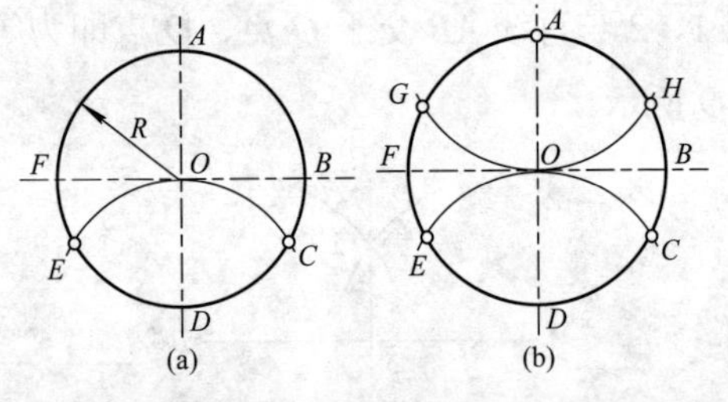

图 3-11　圆的三、六等分

(2) 圆的六等分方法：如图 3-11(b)所示，在圆的三等分基础上，再以点 A 为圆心，以 R 为半径作圆弧

交于圆周 G、H 两点，则点 A、H、C、D、E、G 将圆六等分。

(3) 圆的十二等分方法：如图 3-12 所示，过圆心作相互垂直的直线 AG 和 JD，以 R 为半径，分别以点 A、D、G、J 为圆心画弧交圆周于 K、C、B、F、E、I、H、L，即完成圆的十二等分。

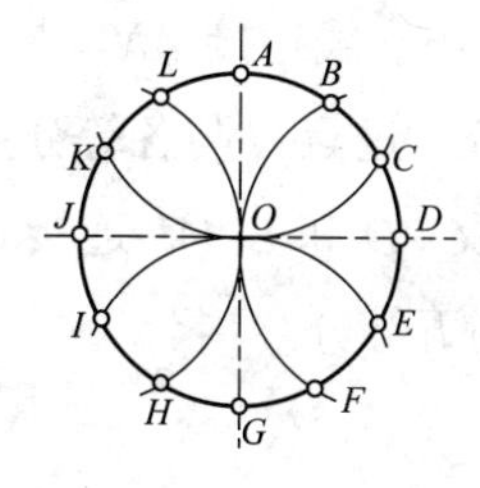

图 3-12　圆的十二等分

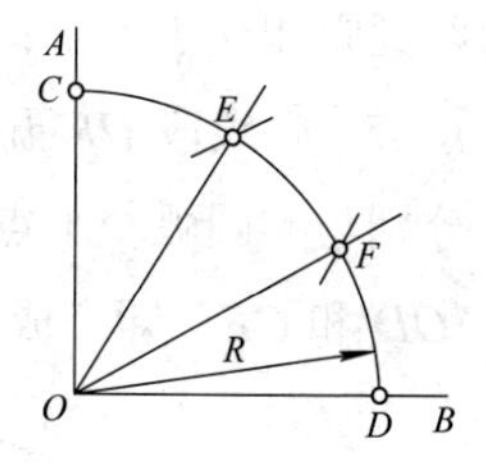

图 3-13　直角的三等分

4) 角度的等分

(1) 直角的三等分方法：如图 3-13 所示，以 O 为圆心，适当大小 R 为半径画弧交直角边 OA、OB 于点 C、D，然后分别以点 C、D 为圆心，以 R 为半径画弧得点 E、F，连接 OE、OF，即完成直角的三等分。

(2) 任意角的 2 等分方法：如图 3-14 所示，以点 O 为圆心，以适当大小为半径画弧得交点 A、B，以稍大于 AB 间距离的一半为半径，分别以点 A、B 为圆心画弧交于 C 点，连接 OC 即可将角度 2 等分。

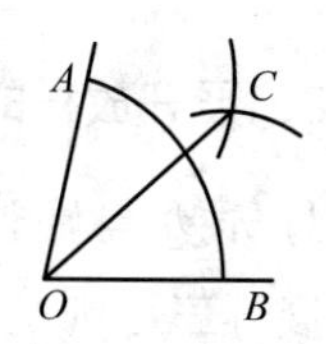

图 3-14　任意角的二等分

(3) 角的任意等分方法：对于角的偶数等分，可以采用图 3-14 的方法重复进行；对于奇数等分，只能采用近似方法作出。下面以图 3-15 所示的角 AOF 的五等分为例说明作图步骤：① 以 O 点为圆心，适当长度为半径作弧 FA，并交于 FO 的延长线于点 G；② 分别以 F、G 为圆心，以 FG 间的距离为半径画圆弧，两圆弧相交于点 N；③ 用直线连接 AN，与 GF 交于点 H，将线段 HF 五等分，过点 N 与各等分点连直线分别与半圆弧交于点 B、C、D 和 E；④ 连接 OB、OC、OD 和 OE，即完成角的五等分。

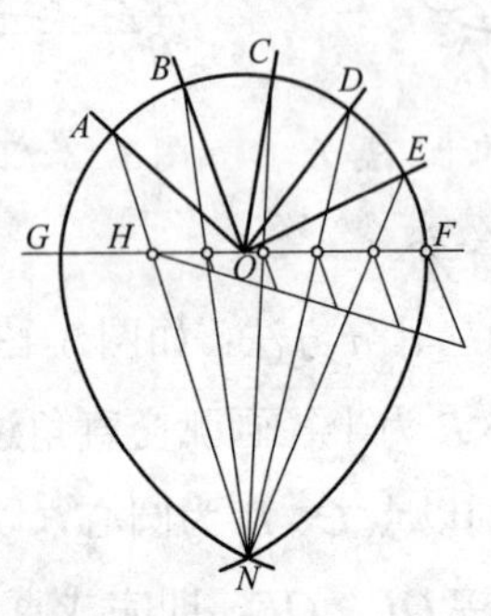

图 3-15　角的五等分

3．展开放样的基本要求

1) 展开三原则

展开三原则是展开时必须遵循的基本要求。

(1) 准确精确原则。这里指的是展开方法正确，展开计算准确，求实长精确，展开图作图精确，样板制作精确。考虑到以后的排料套料、切割下料还可能存在误差，放样工序的精确度要求更高，一般误差不大于 0.25 mm。

(2) 工艺可行原则。放样必须熟悉工艺，工艺上必须通得过才行。也就是说，大样画得出来还要做得出来，而且要容易做，做起来方便，不能给后续制造添麻烦。中心线、弯曲线、组装线、预留线等以后工序所需的都要在样板上标明。

(3) 经济实用原则。对一个具体的生产单位而言，理论上正确的并不一定是可操作的，先进的并不一定是可行的，最终的方案一定要根据现有的技术要求、工艺因素、设备条件、外协能力、生产成本、工时工期、人员素质、经费限制等等情况综合考虑，具体问题具体分析，努力找到经济可行、简便快捷、切合实际的实用方案，绝不能超越现实，脱离现有工艺系统的制造能力。

2) 展开三处理

展开三处理是实际放样前的技术处理，它根据实际情况，通过作图、分析、计算来确定展开时的关键参数，用以保证制造精度。

(1) 板厚处理。

上面所说的空间曲面是纯数学概念的，没有厚度，但实际中的这种面只存在于有三度尺寸的板面上。是板料就会有厚度，只不过是厚度不同而已。板料成形加工时，板材的厚度对放样有没有影响？答案是肯定的。板材的厚度越大，影响越大，而且随着加工工艺的不同，影响也不同。下面先看两个例子。

① 如图 3-16 所示，我们把 $L \times b \times \delta$ 的一块钢条弯曲成半径为 R 的圆弧条时，发现上面(弧内侧)的长度变短了，下面(外侧)的长度变长了。根据连续原理，其中间一定存在一个既不伸长也不缩短的层面。这个层面我们叫它中性层。那么，这个中性层的位置在哪里呢？实践证明，中性层的位置跟加工的工艺和弯曲的程度有关。如采用一般的弯曲工艺，当 $R>8\delta$ 时，中性层的位置在板料的中间。这一客观事实给我们的启示是：如果设计了这样一个圆弧条要我们加工，加工前的展开料长应该按中径上的对应弧段计算。显然，该圆弧条的展开长度是 L。如此类推，倘要用厚度为 δ 的钢板卷制一个圆筒，其展开长度应按中径计算，即 $L=\pi\phi$。这是一个很重要的结论，因为按中径展开，更准确一点，按中性层展开就是我们板厚处理的基本原则。

请注意，图 3-16 中没有给出尺寸数值的单位。未标单位不是没有单位，而是采用默认单位。机械制造行业默认的单位是毫米。图中长度 314 没有标明单位，按默认值，其单位就是毫米。以后均应如此，不再赘述。

设计图上往往给出的是外径(ϕ_w)或者是内径(ϕ_n)，展开时要换算出中径(ϕ)。它们之间的关系是：

$$\phi=\phi_w-\delta=\phi_n+\delta$$

中性层位置，可用下列经验公式计算：

$$R_o = R + X_o\delta$$

式中，X_o 按表 3-1 取值。

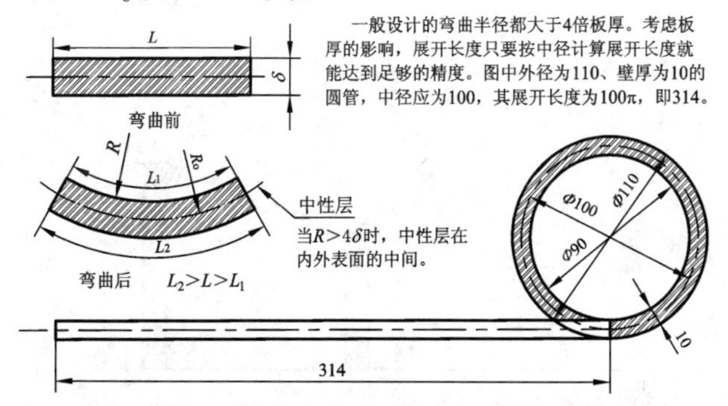

图 3-16　板材厚度对展开长度的影响

表 3-1　中性层位移系数经验值

R/δ	0.1	0.25	0.5	1.0	1.5	2.0	3.0	4.0	>4
X_o	0.28	0.32	0.37	0.42	0.44	0.455	0.47	0.475	0.5

表中，中性层距里边的距离为 $X_o\delta$，板厚为 δ，X_o 为中性层位移系数。

② 厚度对弯头装配间隙、角度和弯曲半径的影响如图 3-17 所示。已知：直径为ϕ，管口角度为 α，管壁厚度为 δ，弯曲半径为 R。

一般板料切割时切口垂直于板面。由于厚度的存在，成形后板的内外表面端线不在同一平面，直接影响按端头装配时的接口间隙、角度和弯曲半径。图中，内半圈管外皮相接、外半圈管里皮相接。此时，中间形成空隙，$H=2\delta\sin(\alpha/2)$。同时，由于中径处存在偏离，不能直接在立面图中原定位置相接，造成弯曲半径增大。

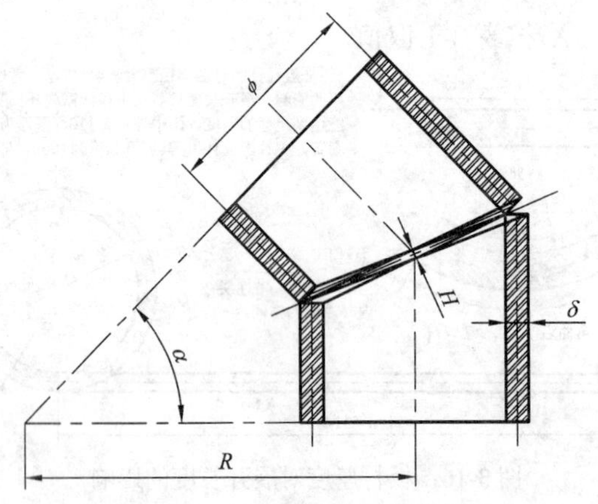

图 3-17　厚度对弯头装配的影响

为了避免或减少板厚对弯头装配的影响，在弯头展开时，应先作接口的位置和坡口设计，然后再据此展开放样。图 3-18 中的做法，就是按内半圈外皮相接、外半圈里皮相接，分别调整内、外半圈的半节角度来保证尺寸、形状、位置方面的精度要求。这种处理办法叫角度调整法。而图 3-19 中的做法是以中径斜面为准(斜角为 $\alpha/2$)，内外倒坡口来形成正确的接口形状(一般应用于厚板)，这种处理办法叫坡口调整法。图 3-20 中的做法则是以中径斜面为准(斜角为 $\alpha/2$)，将内半圈外皮处、外半圈板里皮处用锤子锤平或用切割器修平来达到目的(一般应用于 2～6 mm 薄板)，这种处理办法叫管口修平法。

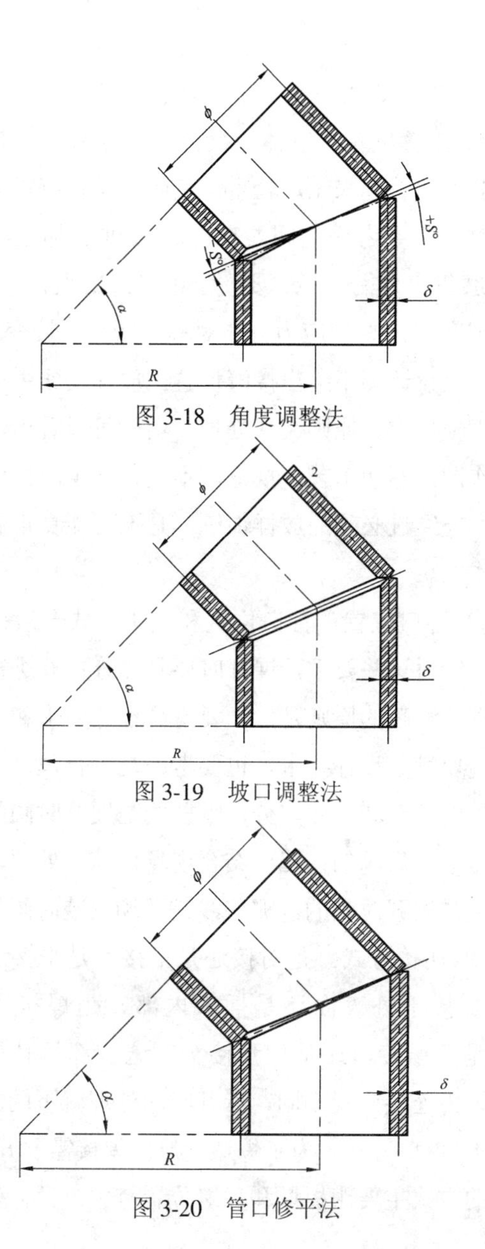

图 3-18　角度调整法

图 3-19　坡口调整法

图 3-20　管口修平法

(2) 接口处理。

① 接缝位置。单体接缝位置安排或者是组合件接口的处理看起来无足轻重，实际上是很有讲究的。放样时通常要考虑的因素有：a. 要便于加工组装；b. 要避免应力集中；c. 要便于维修；d. 要保证强度，提高刚度；e. 要使应力分布对称，减少焊接变形等。

一般设计图不给出接缝位置。放样实践中，全靠放样工根据上述原则灵活处理。由此可以看出，光懂几何作图，不懂工艺、规范，不具备一定的机械基础知识，未经过必须的放样训练，是不可能真正做好这项工作的。

② 管口位置。管口位置和接头方式一般由设计决定。针对这些要求，展开时要具体分析并进行相应的处理。一般的原则是，一要遵循设计要求和有关规范，既要满足设计要求，也要考虑是否合理；二要考虑采用的工艺和工序，分辨哪些线是展开时画的，哪些线是成形后画的；三要结合现场，综合处理，分辨哪些线是展开时画的，哪些线是现场安装时画的。

③ 连接方式。是对接还是搭接？是平接还是角接？是接于外表面还是插入内部？是焊接还是铆接？是普通接口还是加强接头？这些都是必须了解的，因为连接方式不同，展开时的处理就不同。

④ 坡口方式。为了焊透，厚板焊接需要开坡口。坡口的方式主要跟板厚和焊缝位置有关。设计蓝图即

便规定了坡口的形状样式，放样时还是应该画出 1∶1 的接口详图，以便验证设计的接头方式是否合理，或者是在设计没有指明时决定合理的接头方式。

(3) 余量处理。余量处理俗称“加边”，就是在放出的展开图某些边沿加宽一定的“多余”边量。这些必要的余量因预留的目的不同而有不同的称呼，如搭接余量、翻边余量、包边余量、咬口余量、加工余量等等。

余量处理的问题在“量”上，到底余多少？留大了增加加工工作量，留少了下道工序没办法加工。留是常识，留多少是水平。这个“量”，有时图纸上有标注，更多的时候要放样者自己把握。在实际工作中，它并不一定是一个计算问题，有时更多的是一个实践问题。

3) 常用三样板

放样时一般要做三个样板，除了下料用的展开样板外，还有成形时检测弯曲程度的成形样板和组装时检测相对角度、相互位置的组装样板，这两种样板通常又叫做卡样板。

(1) 下料用的展开样板。为了避免损伤钢板，我们一般不在钢板上直接放样，而是通过放样制作样板，再靠准样板在钢板上画线。这样做的好处：一是避免把展开放样时的诸多辅助线和中心点都划在或打在钢板上，造成钢板表面损伤；二是样板可重复使用，在多件制作时的优越性更明显，而且借助样板我们可以在钢板上套料排图，能使材料得到充分利用。因使用场合的不同而有不同的形式，常用的有外包样板、内置样板与平料样板。平料样板用得最多，此前我们提到的样板都是成形前的平料样板。但有时候我们需要在成形后的板料上画线，这时就要用到外包样板或内铺样板了。管外画线，用外包样板；管内画线，用内铺样板。如制作直径不是很大的等径焊接弯头，工艺上宜先卷制成管子，然后切割成管段，再组焊弯头，这种情况下就要准备外包样板。而在大管、大罐内画线开孔，就要用内铺样板。

特别需要指出的是，平料样板号料，弯曲的是板料，板厚处理考虑的是板料厚度；外包样板和内铺样板号料，弯曲的是样板，板厚处理考虑的是样板的厚度。

(2) 样板的材料与制作。常用的制作样板的材料有厚纸板、油毛毡和薄铁皮。这些材料各有优势，可根据需要选用：厚纸板性价比低，适宜作小样板；油毛毡拼接方便，适宜画大的展开图，应用广泛，但不能多次使用；薄铁皮做的样板尽管价格偏高，但强度与刚度都好，精确耐用，便于保存，特别适于批量生产，更是做卡样板的首选材料。

4) 展开精度控制

样板不能走样，必须很精确，用行话说，样板必须精度高、误差小。影响样板精度的主要因素有原理误差、实长误差、作图误差和样板制作误差。以下逐项分析。

(1) 原理误差。前面说过，展开的原理是逐步逼近。逐步逼近的每一步都是近似的，因此每一步的结果都有误差，这种误差就是原理误差。但是这种误差好控制，从定性角度看，只要增加等分点就可以了。然而从定量分析，随着等分点的增加，作图工作量也成倍增加。实践中我们常用的处理办法如下：

① 以规则曲面代替不规则曲面，以曲线长代替直线长，在不增加等分点的前提下取得更精确的展开效果；

② 分析曲线走向、曲率、极值、拐点，在曲线急剧变化段多分点，在平缓段少分点，这样只增加不多的几个点，却能够得到等分点翻倍的展开效果；

③ 利用已画展开图不要的部分作另一个展开图形，如等径三通插管展开图和主管开孔展开图就共用同一条展开线。

(2) 实长误差。实长误差指求实长时产生的误差，它与求实长的方法和计算、作图等操作有关。在不考虑操作方面的随机误差时，控制实长误差的关键是求实长的方法是否正确。如果采用几何法展开，作图误差对求得的实长影响也不可忽视。

(3) 作图误差。画(划)线作图是一项精细操作，技巧性强，综合性强。说它是精细操作，因为展开放样精度要求高。展开放样的图样最终要在钢板上画线下料，钢板料长了、大了还好处理，短了、小了则很难办，一旦质量要求高，下短、下小的料就只能报废。说它技巧性强，是因为它是一种技能，是一种功夫，它要求的不仅是正确、精确，而且要快捷，只有经过长时间的实践锻炼，才会有炉火纯青的技术。说它综合性强，因为画准一条线是基本操作技能，怎么画、画在哪里是高级运用技能，不懂制作工艺、不熟悉展开放样方法、不掌握误差的放大缩小的趋向、不会控制累积误差大小、不会选择插值的位置与点数……肯定是画不出也画不好展开图的。

减少作图误差是展开放样的基本要求。尺寸误差、点位误差一般控制在 0.25 mm 以下。

目前精确作图的最好方法是计算机辅助展开。在计算机上用几何法作图，既形象又精确。在常用的绘图软件中，Auto CAD 绘制的二维图是很优秀的。

(4) 样板制作误差。样板制作主要靠制作者的手面功夫。如果制作者钳工基本操作熟练，运用良好，做出来的样板应该比画出来的展开图还要精确。

总之，正确展开并保证精度，涉及诸多因素，需要协调控制，有一定难度。解决的办法，一是学二是练，功到自然成；其次，它是一种专门技能，不在实践中磨练是不可能掌握的，只有经历过多次放样制作实践才会熟能生巧、把握分寸、取舍有度。

3.3 管道施工中常用管件的放样

3.3.1 管件的放射线展开法

凡是表面素线均相交于一个共同点的圆锥、棱锥、椭圆锥等及其截体的构件，均可采用放射线展开法，将锥体表面用呈放射形的素线，分割成共顶的若干个三角形小平面，待求出其实际大小后，再以这些放射形素线为骨架，将其依次画在同一平面上，即得所求锥体表面的展开图。

1. 正四棱锥的展开放样

已知：棱锥的底边长为 a、高度为 s。

分析：正棱锥四棱线等长，但在主视图投影不反映实长；棱锥底口呈正方形，其水平投影反映实形，展开可用放射线法。

作图步骤：如图 3-21 所示。

(1) 按已知条件画出主视图和俯视图，如图 3-21(a)所示；

(2) 求棱线的实长：如图 3-21(b)所示，延长主视图上底边的直线，在俯视图上用圆规量取 $s2$，并在延长线上画出 $o2' = s2$，连接 $s2'$，则 R 即为棱线的实长。

(3) 画展开图：① 以点 s 为圆心、R 为半径画圆弧，在圆弧下部适当位置设定点 1；② 将圆规两脚距离设定为 a，从点 1 开始向上顺序确定点 2、3、4、1；

③ 以直线连接12、23、34、41、$s1$、$s2$、$s3$、$s4$、$s1$，即完成正棱锥的展开图。

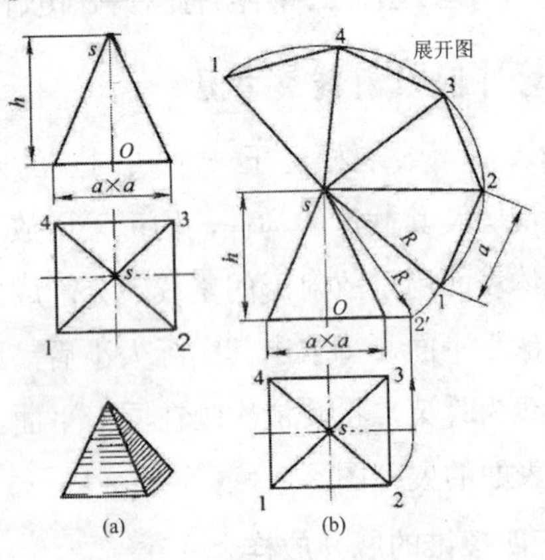

图 3-21　正四棱锥的展开

2．大小头的展开放样

1) 大小头的表面特性

大小头上下口平行，是圆管变径时使用的连接件，所以又称变径管。它们的表面都是直纹锥面，用平行于底面的截面截得的都是圆。大小头有同心和偏心之分。所谓同心，指的是上口圆的圆心在下口圆所在面的正投影与下口圆的圆心重合；不同心则称偏心，二点之间偏移的距离叫偏心距。

立管变径时，连接件常采用同心大小头。水平管路变径，严格地说，用同心大小头是不合适的，应该采用 90° 偏心大小头来连接。这是因为：介质为液体时水平管路需要排尽内部产生的、妨碍运行的气体，因此连接处要求管道内顶要平，以利于排尽不需要的气体；相反，介质为气体时，水平管路则需要排尽管内的积液，这就要求连接处管道内底要平，以利于排尽不需要的液体。因此，水平管路变径广泛采用偏心大小头。

同心大小头是正圆锥面，偏心大小头是斜圆锥面，它们有什么共同点呢？我们不妨设想一下：水平面上有一个圆 D(圆心为 O)，水平面外有一个点 A，有一条直线 L 通过该点和圆上一点。现在让这条直线上的一点固定在 A 点不动，另一端沿着圆的轨迹向同一个方向转动一周，于是这条线在空间划出了一个曲面，这个曲面就是锥面。如果固定点在通过圆心的铅垂线上，形成的锥面就是正圆锥面；如果固定点不在通过底圆圆心的铅垂线上，则所形成的锥面是斜圆锥面。

形成锥面的那条线叫母线，母线运动的轨迹圆叫基线，基线所在的平面叫基面。母线在转动中通过的每个位置都形成一条特定的直线，这些线我们称之为素线。如果母线不通过固定点，而是保持与基面的某一轴向成一固定角度，并沿某一给定基线运动，那么划出来的曲面就是柱面。其中，母线垂直于基面、基线为圆时的例子，就是我们非常熟悉的正圆柱面。

这种母线是直线，形成的曲面是直纹面。直纹面由无数素线组成。锥面的素线相交；柱面的素线平行。

就展开而言，这个认知很重要，前者引申出了展开的放射线法，后者引申出了展开的平行线法。

直纹面的展开比较好处理，成形时大多是绕素线弯曲，因而制造起来比较容易。从方便制造、经济合理方面考虑，一般壳体设计大都选择各种直纹面的组合。

2) 同心大小头的展开

同心大小头的展开其实在小学数学里就已经讲过。仔细看图 3-22，回忆它的展开过程。

(1) 已知条件：大头中径ϕ_D =120；小头中径$\phi_X = 60$；高 $h = 100$。大、小口平面互相平行，且小头圆心在大头平面的投影与大头圆心重合。

(2) 展开步骤：

① 以水平面为大头基面，根据已知条件作立面图，即作 $HS \perp SA$，其中，$HS = h$，$SA = \phi_D/2$；过 H 作 $HB \parallel SA$，$HB = \phi_X/2$；

② 将锥台斜边 AB 延长与中轴线 HS 的延长线交于 O；以 O 为圆心，以 OA、OB 为半径分别画弧；

③ 在 OA 弧上量取 AD 弧，使其弧长等于底圆周长($L = \pi\phi_D$)；

④ 连接 OD，交 OB 弧于 C，则扇形 $ABCD$ 为所求展开图形。

(3) 注意：不宜先在 OB 弧上量取小头圆周长。因为 OB 弧上的量取误差将在外弧(OA 弧)上出现误差放大，可能导致超出允许的误差范围。

(4) 也可以通过计算展开扇形的圆心角来确定 OD。圆心角可按下式计算：

$$\alpha=\frac{\phi_{\mathrm{D}}-\phi_{\mathrm{X}}}{\sqrt{(\phi_{\mathrm{D}}-\phi_{\mathrm{X}})^2+4h^2}}\cdot 360^\circ$$

将本题已知条件代入，得 $\alpha=103.4^\circ$。

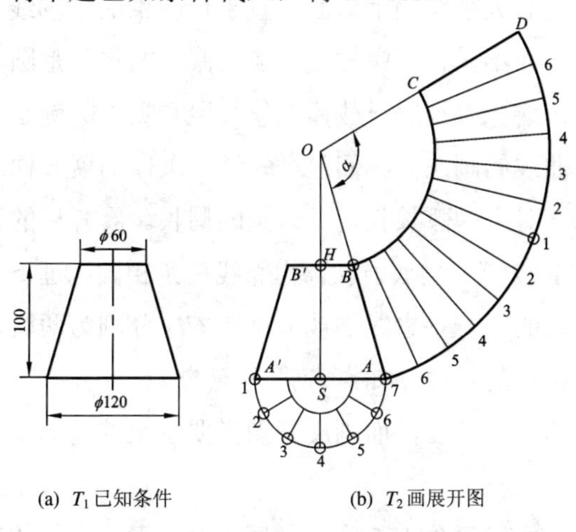

(a) T_1 已知条件　　(b) T_2 画展开图

图 3-22　同心大小头的展开图

(5) 如图 3-22(b)所示，在 AA' 下方拼画半个俯视图，将底圆分为若干等分(此处为 6 等分)，并过等分点画出素线；对展开图亦作同样等分，并过等分点画出对应的素线。不难看出，它们之间存在着曲面元和平面元、曲面弧长和平面弧长之间一一对应和等量转换的关系。

这种等分处理的方法是展开放样的基本方法，在以后的展开中将时常用到。至于分成多少等分，则要根据加工精度的要求合理处理，等分越多越精确，但工作量也越大。一般每等分长度取 0.2 ϕ～0.3 ϕ，ϕ大取小值；ϕ小取大值(ϕ为大径)。如果精度还达不到要求，可以插点修正。

3) 正圆锥斜截体的展开

同心大小头的上口面垂直于正圆锥的中轴线，如果截平面不垂直于中轴线，那么截得的将不是圆而是椭圆，这样得到的斜截体又怎么展开呢？关键是上口展开曲线的画法。我们已经知道，大口的展开曲线是圆弧，对应的弧长就是下口圆的周长。展开后的素线交汇于 *O* 点，呈放射状，相邻线夹角相同。过下口各等分点的每一条素线都被上口线 *CD* 分割为两段，交点到锥顶的长度，如点 5′所对应的 *OK*，并不等于展开后的实际长度，而画展开图需要求出的是 *OK* 线的实长。

下面以等分点 5 为例，说明上述素线实长的求法和对应展开点画法。

(1) 作锥 *OAB* 的立面图，并按给定条件画出截面线 *CD*；在 *AB* 下方拼画半个俯视图；然后 6 等分半圆，得等分点 1、2、3、4、5、6、7。

(2) 先由俯视图等分点 5 向 *AB* 作垂线，求出该等分点在立面图上的位置 5′；连 *O*5′，得立面图素线 *O*5′。

(3) 过 *O*5′与截面线 *CD* 的交点 *K* 作底边 *AB* 的平

行线，交锥边线 OA 于 K'，则 OK' 是 OK 的实长。

(4) 以 O 为圆心、OA 为半径画弧；沿弧量取弧长 $A1$ 等于下口周长，12 等分该周长；然后连接顶点 O 与各等分点，并如图 3-23 编号，得整个圆锥的展开图。

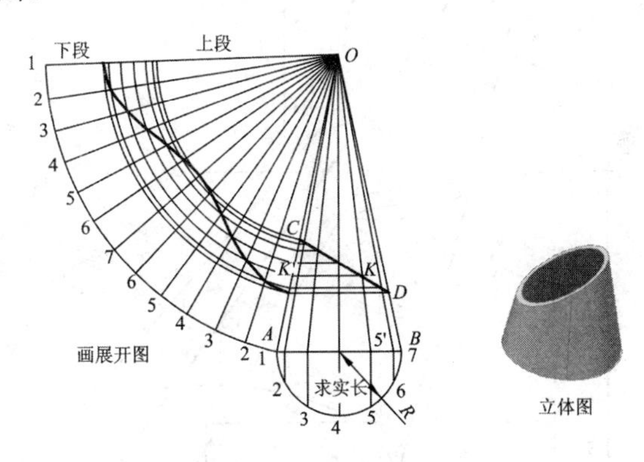

图 3-23　正圆锥斜截体的展开

(5) 以 O 为圆心，OK' 为半径画弧，交两条 $O5$ 线于两个 5′ 点，此即所求展开点。

同法求出其他各展开点，并依次圆滑连接各展开点，得出斜口展开曲线；再将上下口展开曲线端点相连，完成展开图。

4) 偏心大小头的展开

偏心大小头的展开比较复杂，但与同心大小头一样，它也可以通过大头斜锥削掉小头斜锥得到，因此，偏心大小头的展开问题实质上是斜锥的展开问题。斜锥的展开程序，首先是按已知条件画出立面图，然后确定底圆等分点，再求各等分点素线的实长。如图3-24所示。

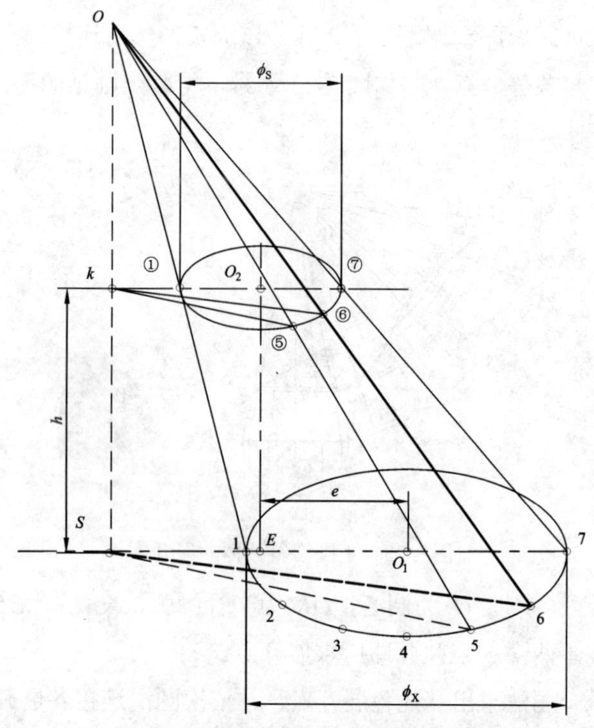

图3-24　斜锥的已知条件与实长分析

(1) 已知条件：大头中径为ϕ_X，小头中径为ϕ_S，斜锥台高为h，偏心距为e。斜锥台上下口面平行且关于中面$OS7$对称。

(2) 展开分析：

① 在△$OS6$中，OS(点划线)是斜锥的高，$S6$(虚线)是素线$O6$(粗线)在俯视图上的投影。因为OS垂直

于底面，故△*OS*6 是直角三角形，∠*OS*6 为直角，而素线 *O*6 是该直角三角形的斜边。这就是我们求斜锥素线实长的依据。

② 锥台实际上是以同一斜锥切掉上面小锥形成的，显然，展开图组成上也有同样关系。展开时我们先处理大锥，后解决小锥。

(3) 现在着手斜锥展开的第一步，求斜锥底圆各等分点上素线的实长。如图 3-25 所示。

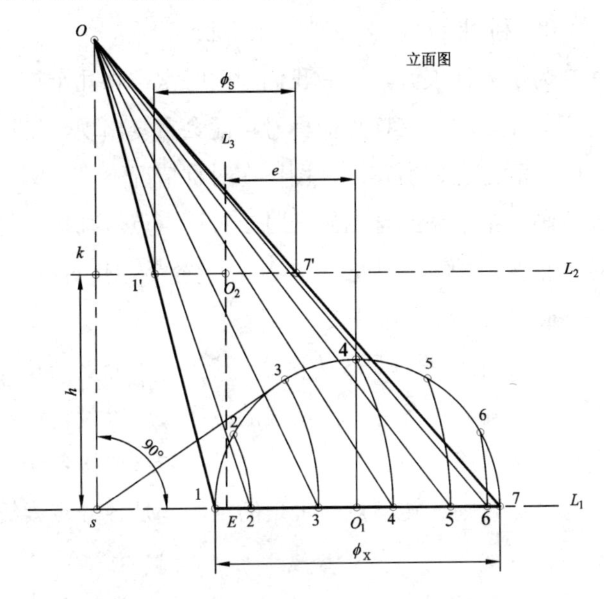

图 3-25 斜锥展开的第一步——求实长

① 按已知条件画立面图、俯视图。注意：画立面图时，应以中径为准。如果已知条件给定的是外径，就必须根据板厚先求出中径。

a. 画水平线 L_1，并在其上取点 O_1，E，使 $O_1E=e$；然后以 O_1 为圆心，$\phi_X/2$ 为半径画半圆，交水平线 L_1 于 1、7 两点。

b. 过 E 作水平线 L_1 的垂线 L_3，并在其上取 O_2，使 $O_2E=h$；过 O_2 作水平线 L_2；以 O_2 为圆心，$\phi_S/2$ 为半径画弧，交 L_2 于 1′、7′ 两点。

c. 连 1、1′，7、7′ 并延长相交于 O 点；过 O 点作 L_1 的垂线，垂足为 S。

② 利用∠$OS7$ 为 90°，求实长。

为了方便展开，以后我们画图时常常将几个视图叠合画在一起，这样点的标号可能会重复出现，绘图者应当清楚它们所在的视图；在对称情况下，作图一般只画一半，遇到全图展开时，对称点点号都按同号对称布置。了解这种处理方式，比较容易寻找对应点。

a. 六等分下口半圆。

b. 以锥顶的垂足 S 为圆心，其到各等分点的长度为半径画弧，将各等分点素线的投影长度等量转移到底边 L_1 上，得点 1、2、3、4、5、6、7；连接各转移点与锥顶，则各转移点与锥顶的距离就是各分点素线的实长。

c. 上述实长线被小口线 L_2 所截的上边线段即是小锥对应实长。

(4) 画展开图。如图 3-26 所示。

① 以 $O1$ 为剖开线，在合适处垂直方向作中线

$O7$。

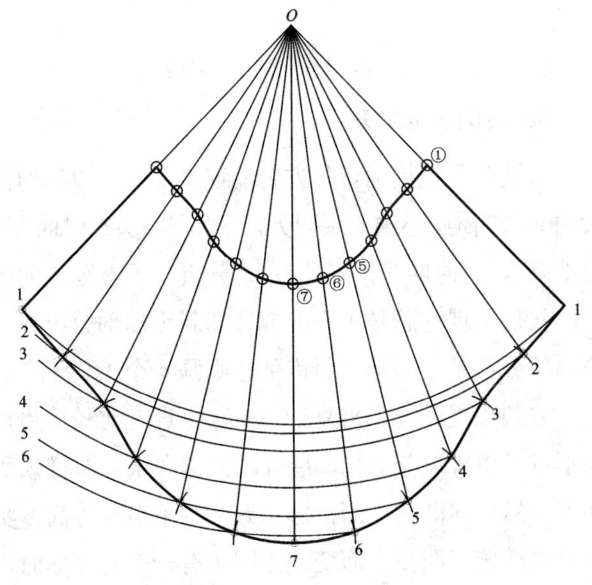

图 3-26　斜锥展开图

② 以 O 点为圆心，各分点素线实长为半径画得如图 1、2、3、4、5、6 弧。

③ 以 7 点为圆心，1/12 底圆周长为半径画弧，交 6 弧于两个 6 点，再以两 6 点为圆心，1/12 底圆周长为半径画弧，交 5 弧于两个 5 点；如此下去，同法求至两个 1 点。

④ 检查所得 13 个点的曲线长度，如与计算所得的底圆周长误差大于 3 mm，应及时修正。

⑤ 圆滑连接各点，得大口展开线。

⑥ 连接 O 点与各点，并在上述各线上由 O 点起

量取小锥相应实长；圆滑连接所得各点，即成小口展开线。

⑦ 连接大、小口对应端点，完成整个展开图。

3．方圆头的展开

方圆头是连接圆管与方管的连接件。一般我们把大的一头叫地，小的一头叫天，因而方圆头有时叫“天方地圆”，有时叫“天圆地方”。分析一下方圆头的结构，我们发现它总是由平面部分和斜锥面部分组成，平面部分都是三角形，斜锥部分则是 4 个 1/4 斜锥。

方圆头展开看起来复杂，实际上道理比较简单，只不过是斜锥展开而已。展开的关键在于弄清锥顶所在点，然后向圆所在面投影。方圆头平口时等高，实长只跟随俯视图投影而变。方圆头有一个对称面时，要展开 2～3 个斜锥；方圆头有两个对称面时，只要展开一个斜锥。画展开图时，不要颠倒了顶点，直线边组成折线相连，都是直线；弧线边弧弧相连，全部是曲线。

方圆头的主要参数有：方口的对边尺寸 $m \times n$，圆口的中径ϕ，指定点高度 h，两个端面之间的夹角，偏心距，板厚。

(1) 已知条件与展开要求。如图 3-27 所示。

① 天圆——中径ϕ；地方——边长(对边中距)$m \times n$；小锥高度为 k；上下口面夹角为 α。

② 该天圆地方有一个对称中面，点(B 在圆面的

投影)对圆中心的相对位置为($-s$，$n/2$)。

③ 求作该天圆地方的展开下料样板。

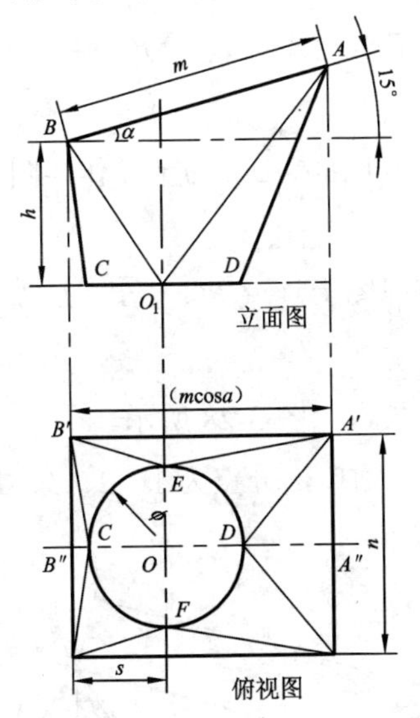

图 3-27　方圆头的已知条件

(2) 画立面图。

① 作水平线 L_1 及其垂直线 BB'，B 为垂足，且 $BB'=h$。

② 过 B 作与水平线夹角为 α 的直线 BA，且 $BA=m$；再过 A 作 L_1 的垂线，交 L_1 于 A'。

③ 在 L_1 下方作与其距离为 $n/2$ 的水平线 L_2。

④ 在 BB' 右侧作与其距离为 s 的平行线 L_3，交 L_1、L_2 于 O_1、O。

⑤ 在 O_1 两侧取与其距离为 $\phi/2$ 的 C、D 两点；连 B、C、D、A 和 B、O_1，A、O_1，完成立面图。

(3) 画俯视图。实际展开时不必画整个俯视图，只需在 $B'A'$处拼画半个俯视图就可以了。

① 延长 BB'、AA'交 L_2 于 B''、A''，连 B'、B''，A'、A''。

② 以 O 为圆心、$\varphi/2$ 为半径作半圆，交 L_2 于 C、D，交 L_3 于 E。

③ 在俯视图上连 CB'、EB'、EA'、DA' 完成俯视图。

(4) 求实长，如图 3-28 所示。

① 等分半圆口，分点为 1、2、3、4、5、6、7，其中 4 与 E 为同一点。

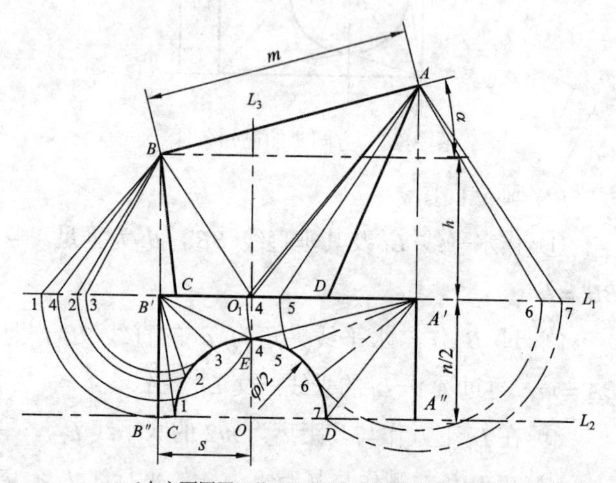

（在立面图圆口线下方拼接半个俯视图）

图 3-28　方圆头展开实长图

② 以 B'、A'为圆心，将 B'至 1、2、3、4，A'至 4、

5、6、7 的长度转移到 L_1 上去求实长。

③ 连 B 与 $B'A'$ 线上的各对应点，得 B 锥各分点素线实长，即 B1、B2、B3、B4。同法求得 A 锥各分点素线实长，即 A4、A5、A6、A7。

(5) 画展开图。如图 3-29 所示。

① 算圆口 12 等分弧长：$s=\pi\varphi/12$。

② 以 B1 线为剖切线，7A'' 为对称中心线画展开图。分别以 A、A' 为圆心、A7 为半径画弧，交于 7 点。连 A、A、7 三点。

③ 如图 3-29 所示，以 A、A' 为圆心，6A、5A、4A 为半径画弧，画时注意控制弧长及位置。

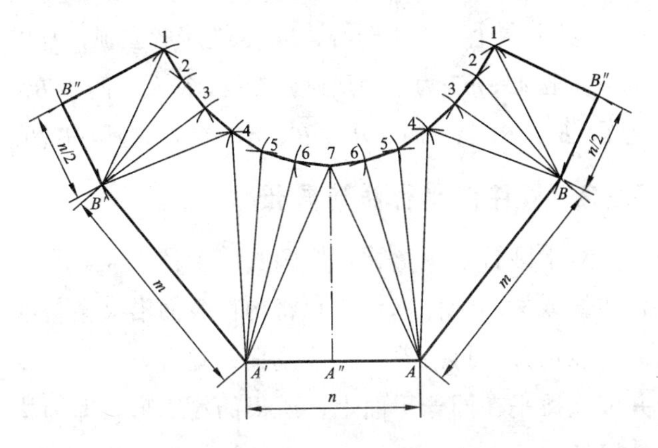

图 3-29　方圆头的展开图

④ 以 7 为圆心，s 为半径画弧，交 A6 弧、A'6 弧于两个点 6。然后分别以两个点 6 为圆心、s 为半径画弧，交 A5 弧、A'5 弧于两个点 5。再以两个点 5 为

圆心、s 为半径画弧，交 $A4$ 弧、$A'4$ 弧于两个点 4。

⑤ 分别以点 4 为圆心、$B4$ 为半径画弧和以 A 点为圆心、m 为半径画弧，得两弧交点 B。同法在另一边可求得 B'。

⑥ 分别以 B、B' 为圆心，$B3$、$B2$、$B1$ 为半径画弧。

⑦ 以两个点 4 为圆心、s 为半径画弧，交 $B3$ 弧于两个点 3，同法继续求得两个点 2 和两个点 1。至此，我们共求得圆口展开曲线上的 13 个点。

⑧ 沿这 13 个点量其长度，如其累积误差不大于 ±3 mm，则圆滑连接该 13 点，得到圆口展开曲线。

⑨ 以两个点 1 为圆心、BC 长为半径画弧，与以 B、B' 为圆心、$n/2$ 为半径所画弧相交，得左右两个 B''。连 1、B''，B、A 和 1、B''、B'、A，完成整个展开图。

3.3.2 管件的平行线法展开

对于圆管、矩形管、椭圆管等形体表面具有平行边线或棱的管件，可假想将构件表面沿某条棱线或素线切开，再沿着与棱线或素线垂直方向打开，并依次摊平在同一平面上，所得的轮廓形状即为构件展开图。

此假想作图法称为平行线法，可理解为将构件表面分成若干平行部分平面或用素线分成若干梯形小平面。几何作图时，视图投影面一般选择轴线所在平面，使素线都平行投影面，投影反映实长。这样，简化了求实长的过程，只要解决位置问题就行了。

1. 常用弯头的放样

弯头是用于管路转弯时的连接件。管道施工中常用的焊接弯头有等径马蹄弯、异径马蹄弯、等径虾壳弯、异径虾壳弯等。众所周知，解题不能没有已知条件，展开放样不给定相关参数也是不行的。如等径焊制弯头，展开放样前需要确定的几个主要参数(如图3-30)是：

弯头角度(α)：弯头两个管口面间的夹角。

弯曲半径(R)：弯头的管口中心到两管口面交线的距离。

管子直径(ϕ)：弯头管材的外径、内径或中径，设计时应给出其中一个。

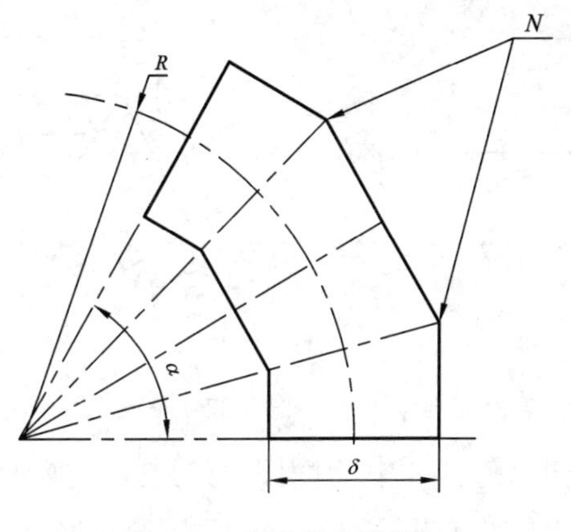

图 3-30　弯头的主要数据

管子壁厚(δ)：成品管的壁厚，也指卷制前板材的板厚。

弯头节数(N)：包括端头两个半节和所有中间节的总节数，它与焊接接口的数目相等。

由于弯头节数目前没有统一的规定，造成叫法上的混乱，需要加以注意。弯头的两个端节相同，从形状、角度、尺寸各方面分析，每个端节实际上就是中间节的一半，所以端节又叫半节，中间节又叫全节。管道施工中有时把弯头端节直接做到管路长管上，因而常把直观见到的中间节的数量称为节数。

1) 马蹄弯的制作过程

所谓马蹄弯，就是只有两个端节的焊接弯头，根据两端直径大小的不同，马蹄弯可分为等径和异径两类；根据角度的不同，等径马蹄弯又可以分为直角马蹄弯(如图 3-31 所示)和任意角度马蹄弯(如图 3-32 所示)。

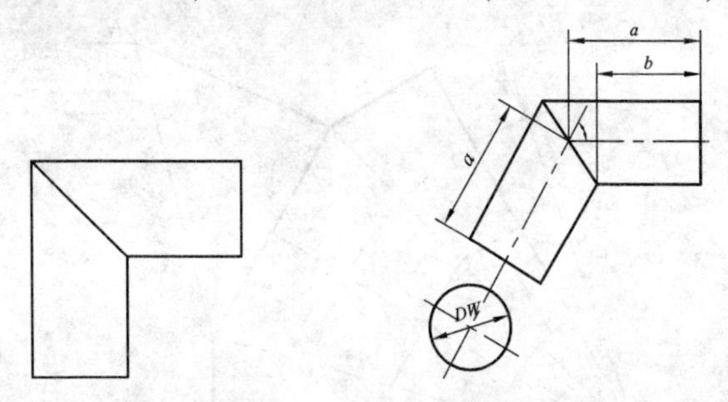

图 3-31　等径直角马蹄弯　　图 3-32　等径任意角度马蹄弯

下面以图 3-1 中 20°马蹄弯的制作实例来说明制作焊接管件的工艺过程。一般焊接管件的制作过程包括：生产准备、放样、下料、成形、装配、连接、表面处理几个环节。

(1) 生产准备一般包括三个方面的准备：一是技术准备，主要包括熟悉图纸，制定工艺方案，编写生产计划；二是场地设施准备，主要包括整理场地，设备到位，设施配套，如氧乙炔切割设备、电焊机等的准备；三是人员材料等方面的准备，即人、财、物方面的准备，如管材、划线及测量工具的准备等。

(2) 20° 马蹄弯的展开放样

① 确定相关的尺寸。图 3-33 是图 3-1 的局部图，管路施工过程中，我们可根据施工图确定管 1 和管 4 的位置以及角度 20°，实测出由 2、3 两节组成的马蹄弯的弯曲半径 R 及转弯角 a 的大小。

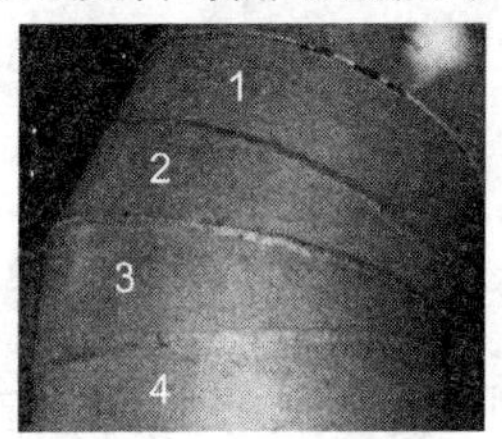

图 3-33　20° 马蹄弯

② 按已知尺寸画立面图。管子外径 D 为 Φ500、角度为 a=20°、马蹄弯半径为 R=400。

作图步骤：画夹角为 20° 的直线 OA、OB，并等分∠AOB；以 O 为圆心、R400 为半径画弧交 OA 于 O1，在 OA 上取点 1 和 7，使 O17= O11=250；以 O1

为圆心，250 为半径画半圆，然后将半圆 6 等分，等分点的顺序设为 1、2、3、4、5、6、7；由各等分点作管中心线的平行线，与角平分线 OC 相交，得交点为 1′、2′、3′、4′、5′、6′、7′；按上述方法画出马蹄弯的上部，即得立面图，如图 3-34 所示。

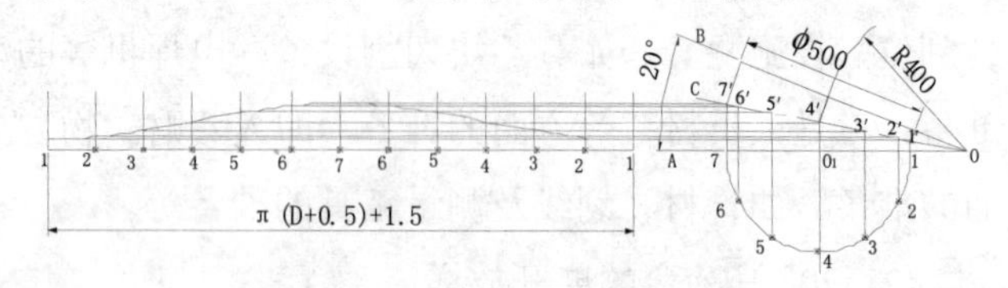

图 3-34　马蹄弯的展开放样图

③ 画展开图：

第一步，作一条长度为 π(*D*+0.5)+1.5 的水平线段，并将其 12 等分，得各等分点 1、2、3、4、5、6、7、6、5、4、3、2、1。

注：在成品圆管上下料，主要是先放出样板，样板一般都画在薄铁皮、油毛毡或硬纸板上，然后紧贴在成形的管子上划线、下料。这样，样板的实际展开长度应是管子外径 *D* 加上样板的厚度(假设厚度为 0.5)，再乘上圆周率 π。由于样板同管子紧贴时总有些间隙，因此，应加修正值 1～1.5 mm。根据经验，管子外径为 200 mm 以下时，修正值为 1 mm；管子外径为 200 mm 以上时，修正值为 1.5 mm。

第二步，过各等分点，作水平线段的垂直引上线，使其与投影接合线上的各点 1′、2′、3′、4′、5′、6′、

7′引来的水平线相交。

第三步，用圆滑的曲线将相交所得点连接起来，即得需要的 20° 马蹄弯展开图。

(3) 划线、下料

剪下马蹄弯展开图作为划线样板。如图 3-35 所示，在管子正面和背面分别划出中心线，并用样冲打出若干个小点，把剪下的展开图包在管 2 的位置，按样板在管子表面划线，然后再把样板包在管 3 的位置，按样板在管子表面划线。用氧-乙炔气割法切下管 2 和管 3，并用手提砂轮机修磨至要求的大小。

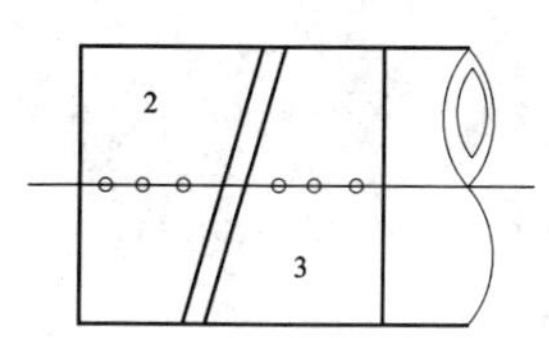

图 3-35　划线、下料　　图 3-36　错开的焊缝

(4) 焊接、校正

焊接组对前，应注意管节间的纵向焊缝应错开一定角度，如图 3-36 所示，并对节与节间的接头处进行坡口加工。操作时，各节背部的坡口角度应开小一些(20°～25°)，而腹部坡口角度应开大一些(40°～45°)，两侧为 30°～35°，否则弯头焊好后，会出现外侧焊缝宽、内侧焊缝窄的现象。

坡口加工完毕，即可进行弯头组对。此时，应将各管节的中心线对准，先定位焊固定两侧的两点，将角度调整正确后，再定位焊几处，全部组对定位焊完毕，并经检查弯曲角度符合要求后，才可进行焊接。

注：对于 90° 焊接弯头，在组对定位焊时应将角度放大 1°～2°，以便焊接收缩后得到准确的弯曲角度。

2. 等径虾壳弯的展开放样

虾壳弯由若干个带斜截面的直管段组成，由两个端节及若干个中节组成，端节为中节的一半，中节数越多，弯头的外观越圆滑，对介质的阻力越小，但制作工作量也越大。

1) 已知条件与要求

(1) 已知条件。如图 3-37 所示。

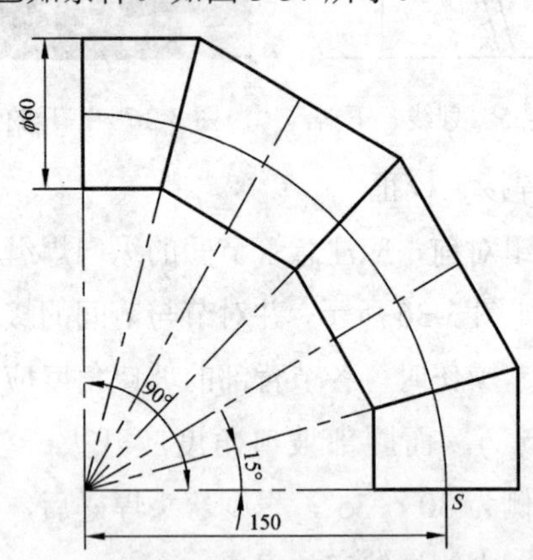

图 3-37　弯头的已知条件

弯头角度 $\alpha = 90°$；管子外径 $\phi_w = 60$；弯曲半径

$r=150$；弯头节数 $n=3$(包括端节)；样板厚度 $\delta=0.5$。

(2) 展开要求。

① 用平行线法作外径$\phi 60$ 管的外包全节样板。

② 方法正确。(展开方法不是唯一的，本题要求按指定的方法做)。

③ 作图精确。几何作图误差不大于 0.25 mm，展开长度误差不大于 ±1 mm。

(3) 展开准备。

① 求半节角度：按节数计算半节(端头)截面倾斜角度($\alpha_b=\alpha/2n$)。

② 展开三处理：按管径、材料板厚、连接方式和制作工艺决定展开中径、接口位置和余量。

因为是外包样板，画立面图时，管口直径应该选择包在管外的样板卷筒的中径。本题已知条件中给出了管子外径，实际上就是给出了样板卷筒的内径。故样板卷筒的中径$\phi=60+0.5=60.5$。

2) 求实长

弯头实长如图 3-38 所示。

(1) 画半节弯头端面角度线。

a. 先计算半节弯头端面角度。

$$\alpha_b=\frac{\alpha}{2n}=\frac{90°}{2\times 3}=15°$$

b. 作水平直线 OB，在 OB 上取 $OS=150$；分别以 O、S 为圆心，OS 为半径画弧交于 R。

c. 4 等分弧 SR，得等分点 K，连 OK 并适度延长。

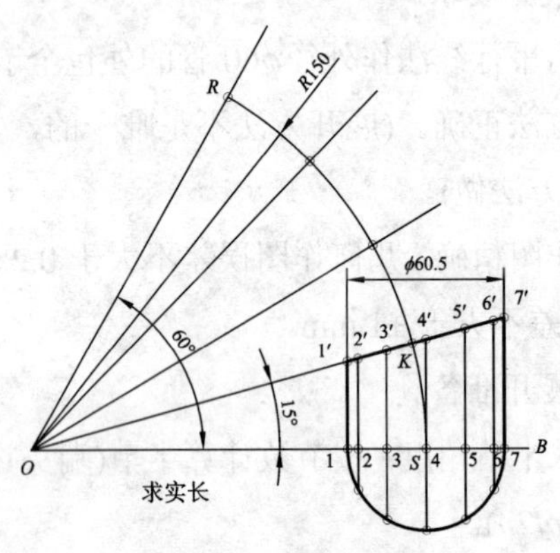

图 3-38　弯头实长图

(2) 画半节弯头立面图。

a. 先计算外包样板筒半径。

$$R=\frac{\phi}{2}=\frac{60+0.5}{2}=30.25$$

可通过四等分长度为 121 的线段获取。

b. 在 OB 线的 S 点两侧取 1、7 两点，使 $S1=S7=30.25$。

c. 过 1、7 作 OB 的垂线 $11'$、$77'$，交 OK 于 $1'$、$7'$；梯形($11'7'7$)即是半节弯头立面图。

(3) 求实长。

a. 以 S 为圆心，$S1$ 为半径在下方画半圆并将其 6 等分。

b. 过各等分点作 OB 的垂线，交 OB 于 1、2、3、

4、5、6、7；交 OK 于 1′、2′、3′、4′、5′、6′、7′，则 11′、22′、33′、44′、55′、66′、77′为半节弯头管口各分点上的素线实长。

3) 画展开图

弯头展开如图 3-39 所示。

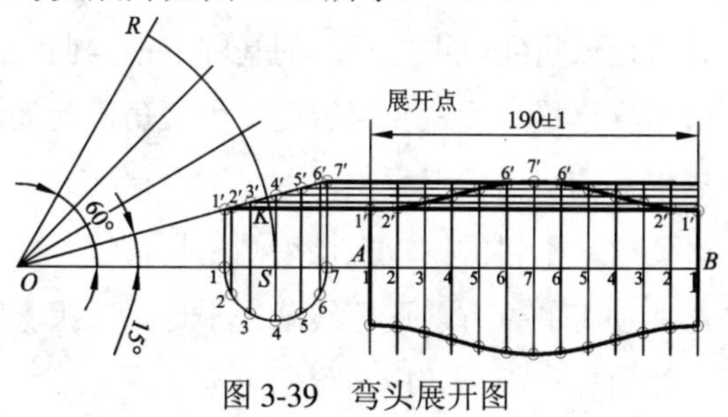

图 3-39 弯头展开图

(1) 计算展开长度。

$$L = \pi(60 + 0.5) = 190$$

(2) 作平行素线组：在 OB 上取 AB，$AB = 190$，12 等分 AB；过各分点作 AB 的垂线组，上下长度略超过 77′；以 11′为切开线，依次标明各分点。

(3) 求端口展开曲线：从 1′～7′ 引 SB 的平行线，与对应垂线交于 1″、2″、3″、4″、5″、6″、7″，圆滑连接这 13 个点，此即半节端口的展开曲线；曲线梯形(AB1″7″1″)为半节(端节)的展开图形。

(4) 画全节展开图：以 AB 线为中轴线画出上述展开曲线的对称曲线。这两条关于 AB 对称的展开曲线及其对应端点连线所围成的区域就是展开图。

实际操作时，一般用划规量取各点实长值，尺寸大时则直接用尺量取。以 AB 上各对应分点为中心上下画弧或量取实长，以求展开点；然后将这些展开点圆滑连接成展开曲线。连线时可以用曲线板或弯曲的钢尺，也可以手工描画。用曲线板或弯曲的钢尺时，一次画线至少要通过三点；手工描画时，可以先把各点用直线连成折线，再在折线的基础上根据曲线的凹凸方向适度修描，为避免接缝处产生尖角，此处曲线要修描到其切线与接缝垂直。

必要时，下料的钢板上还须画出折弯线，作为成型时弯曲加工的位置。这些线就是平行素线组。因此平行素线组在样板上还应该保留下来。

弯头斜口的展开曲线其实就是正弦曲线，可以用解析几何介绍的画法来画它的展开图。正弦曲线 $y=r\sin(\omega x+a)+k$ 中，a、k 决定正弦曲线在图中的位置；r 决定正弦曲线极值，也就是基圆的半径，对放样而言，就是端节最长素线与最短素线之差的一半；ω 决定正弦曲线的周期，对放样而言，$\omega=2/\phi$。针对图 3-30 中的弯头，正弦画法展开应用如下：

取坐标系如图 3-40，则斜口展开曲线为正弦曲线

$$y=r\sin\left(\frac{2x}{\phi}-\frac{\pi}{2}\right)+k$$

式中：k 为斜口椭圆中心高，r 为斜口最高点与中心的高差，它也等于最低点与中心的高差。据此式，既

可以用计算法，也可以用绘图法来展开该弯头。

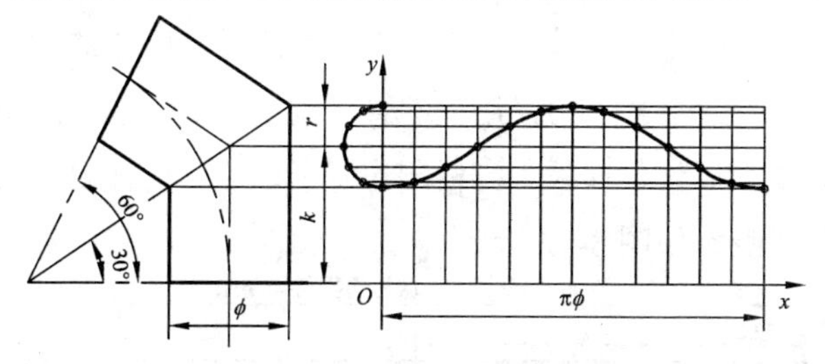

图 3-40　弯头斜口展开正弦曲线

直角马蹄弯在北方取暖炉风管上用得最多，它的展开放样即用上述方法，如图 3-41 所示。由于直角马蹄弯(已知管子直径为 D)的侧管与立管垂直，$r = D/2$，因此可以不画立面图和断面图，直接以 $D/2$ 为半径画圆，将半圆 6 等分，然后以 πD 为周期画出正弦曲线，再管节高度完成展开图。

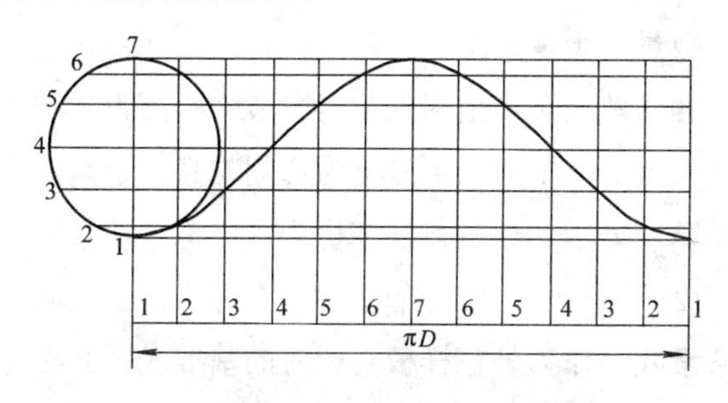

图 3-41　解析法画直角马蹄弯的展开图

4) 直管号料

小口径弯头一般直接用小口径管制作，不需要卷管，所以样板要做成外包式的，包着管子画线。大口径管，市面没有现成管材供应，只能卷制。但是由于单节弯头宽度尺寸变化大，上机卷制时弧度弯曲不均匀，因此工艺上常采用先卷管后割端节的做法，这也需要制作外包样板。样板制作好了以后，怎样要它去号料呢？如图 3-42 所示。

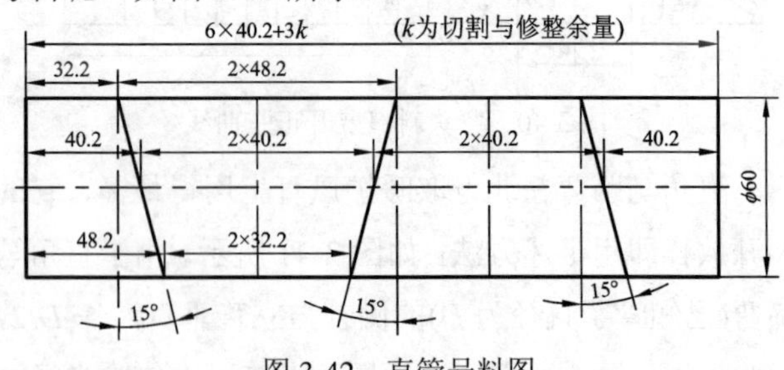

图 3-42　直管号料图

(1) 首先要算准直管管长。

三节弯头由两个全节和两个半节组成，画线时要核对数量，少则误工，多则浪费。尤其不要忘记了留切割和修整余量。由图中量得半节中心高为 41.2，则直管长度 $L=6\times41.2+3k$(k 为切割与修整余量，其值根据精度要求、切割方法和操作水平综合选取)。

(2) 下料时应先在管端圆周 4 等分处沿轴向画出 4 条素线，作为外包样板对位时的基准线，并按事先计算的数据标出定位点。

(3) 按基准点线用样板画线，有误差要分析，及时调整纠正。

(4) 各基准线处也是弯头组装时的重要的对位点，为了防止工作中所画线被檫掉，最好在基准线处打上几点样冲眼或作上其他标记。

3. 三通管的展开放样

三通管是用于管道分支、分流的管件，按主管与支管直径的同异分为同径三通、异径三通，按分支管轴线与主管轴线的夹角(α)分为正交三通(α=90°)和斜交三通(α＜90°)。图 3-43 中，(a)是等径正三通，(b)是异径斜三通。

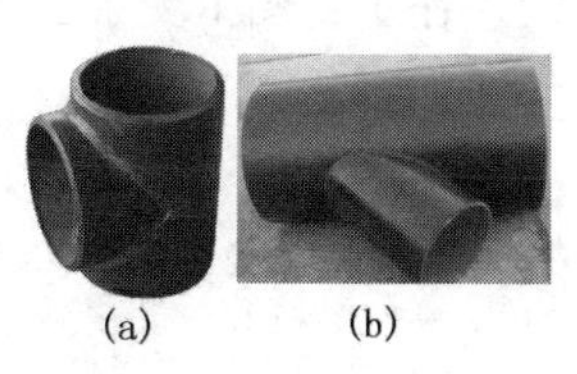

图 3-43　三通管

圆管三通的主要参数：三通的角度；主管、支管的直径；支管对主管的偏心距；其他相关大小尺寸。圆管三通的展开与圆管弯头一样采用平行线法展开。

1) 等径正三通的展开放样

(1) 作立面图。

零件的形状往往是由两个以上的基本立体，通过不同的方式组合而形成的。组合时会产生两立体相交情况，两立体相交称为两立体相贯，它们表面形成的交线称做相贯线。等径正三通由两段等径管子 90° 相交而成，因此，正确画出相贯线是作立面图十分重要的一步。其作图步骤如图 3-44。

① 按已知条件画出三通除相贯线外其余部分的主视图和左视图；

② 以 $D/2$ 为半径，分别以 O_1、O_2 为圆心画圆，

并 12 等分两个圆，得点 1、2、3、4、3、2、1；

③ 分别在主视图和左视图上过点 1、2、3、4 作支管中心线的平行线；

④ 过点 1′、2′、3′、4′ 作主管中心线的平行线，在主视图上交于点 1″、2″、3″、4″，连接 1″、2″、3″、4″ 即可得到主管和支管的相贯线。

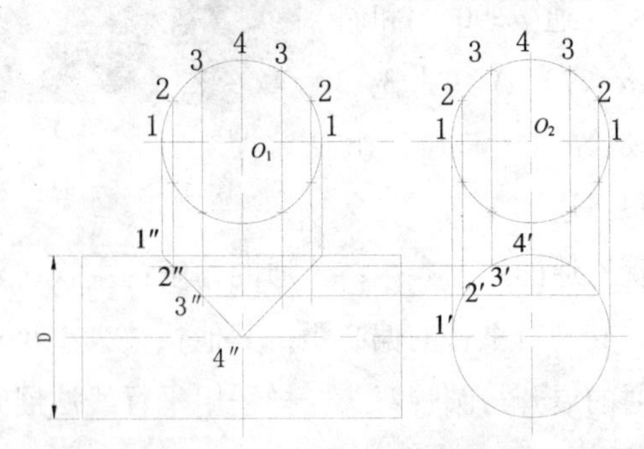

图 3-44 等径正三通相贯线画法

(2) 作展开图。

从图 3-44 中可看出，同径正三通的相贯线是一条直线，因此，以后再画展开图时，我们无需再作左视图来求相贯线，而是直接连接 1″、4″ 即可，如图 3-45 所示。展开图的作图步骤为：

① 沿直线 AB 方向画直线 $MN = \pi(D + 0.5)$，并 12 等分 MN，得等分点 1、2、3、4、3、2、1、2、3、4、3、2、1；

② 过 12 个等分点分别作直线 MN 的垂直线；

③ 过主视图上的相贯点作主管中心线的平行线

与 MN 的垂直线相交，圆滑连接各相交点即可得到等径正三通的展开图。

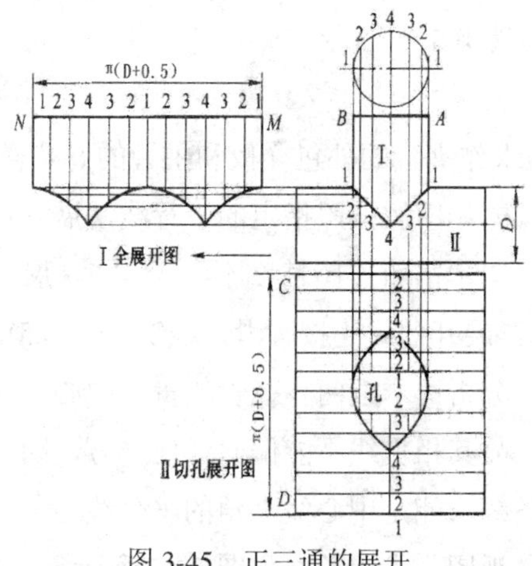

图 3-45 正三通的展开

2) 异径正三通的展开

异径正三通的展开图与同径正三通相似，只是其相贯线是一条曲线。在此，只给出其相贯线的画法图(图 3-46)，展开图请读者参考图 3-45。

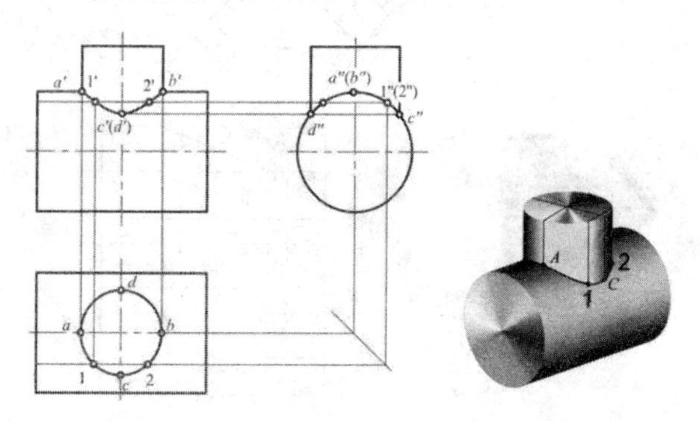

图 3-46 异径正三通的相贯线

3) 等径斜三通的展开

已知主管、支管外径为 D，中心线夹角为 45°，样板厚度为 0.5。

展开要求：

(1) 求作支管的外包样板和主管的开孔样板。

(2) 方法正确(按照指定的平行线法展开)。

(3) 作图精确(作图精度不大于 0.5，展开长度不大于±1，展开曲线连接圆滑，线宽小于 0.5)。

展开分析：本题两等径管相贯，中心线相交。因为等径，故其相贯线不能偏向任何一方，因此在立面图中相贯线只能是中心线夹角的平分线。

画主视图、求实长，如图 3-47 所示。

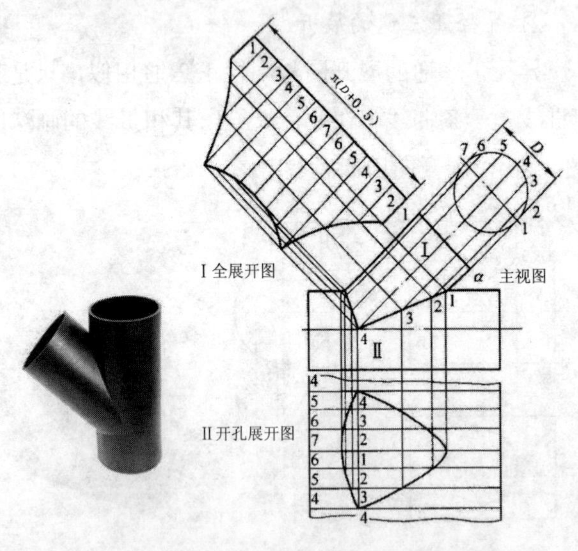

图 3-47　斜三通支管展开图

(1) 按已知条件画主视图；

(2) 配画支管截面圆并 12 等分该圆；

(3) 过各等分点作与支管中心线平行直线，与相贯线相交，即可求出支管各等分点处素线实长；

画支管展开图、主管开孔展开图如图 3-47 所示。

(1) 按展开长度($\pi(D+0.5)$)和等分数(12)作平行线组；

(2) 按相应实长在对应平行线上取展开点；

(3) 圆滑连接各点即完成主管展开图。

(4) 过相贯线各交点作主管轴线的垂直线；

(5) 在主管下方适当位置画 7 条与主管轴线平行的直线，直线间的距离等于 $\pi(D+0.5)/12$；

(6) 用圆滑曲线连接各交点，即完成主管开孔样板展开图。

4) 异径斜三通的展开

(1) 已知条件与要求

① 已知条件：支管外径 d，主管外径 D，轴线相交且夹角 45°，两轴线所在面为对称中面。

② 制作斜三通上插管的外包样板和主管的开孔样板。

③ 分析：本题的关键是画立面图上两管的相贯线。要画相贯线，应先求线上的关键点，然后连点成线。相贯点可通过画出主管、支管主视图和左视图得出。支管的展开和主管开孔的展开与等径三通展开，

因方法雷同、过程类似，只作概要陈述。

(2) 求相贯点，如图 3-48 所示。

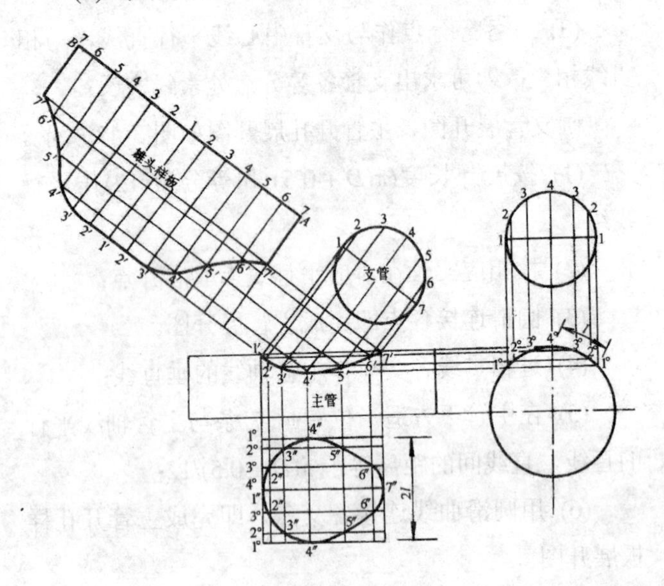

图 3-48　异径斜三通展开图

① 以水平方向为主管轴线方向，画三通立面图和左视图。作图时支管直径取样板卷筒中径，主管外径不变。

② 在主视图支管上拼画俯视方向的截面圆并将其 12 等分，然后画过各等分点的素线。

③ 在左视图支管上画圆并 12 等分，交主管外圆周于点 1°、2°、3°、4°、3°、2°、1°。

④ 过等分点 1°、2°、3°、4° 作主管轴线的平行线，与主视图上支管对应等分点的素线的交点就是

所求的相贯点。

⑤ 圆滑连接上述各相贯点，即得立面图上的两管相贯线(单就支管展开而言，本题求得相贯点即可，不必画出相贯线)。

(3) 画支管展开图

① 画直线 $AB=\pi(d+0.5)$，并 12 等分。

② 过各等分点作垂直于 AB 的平行线组。

③ 用圆规量取 11′、22′、33′、44′、55′、66′、77′，在平行线组上确定展开点。

④ 圆滑连接各展开点并完成展开图。

(4) 画主管开孔展开图

① 以 1″7″为对称中线，依次以左视图主管圆周上各等距点之间的弧线长度 1°2°、2°3°、3°4° (直接在弧上测量取值)为间距画与主管轴线平行的平行线组。

② 过各相贯点作主管轴线的垂直线并与上述平行线组中的对应线相交求展开点。

③ 圆滑连接各展开点，完成展开图。

5) 制作注意事项

三通在制作时首先在管道上划出定位中心线，然后分别用雌雄样板裹着主管和支管，对准中心用石笔划出切割线，便可进行开孔切割，主管上的开孔应按支管内径的尺寸。对碳钢大口径管，采用氧-乙炔焰进行切割，小口径管采用手锯切割。对不锈钢及有色金属管，一般采用钻床、铣床、镗床进行开孔，小口径管也可用手锯开孔。用钻床开孔时，如孔径较小应一次钻好。孔径较大时，可按孔径轮廓先钻出若干个 $\phi8 \sim \phi12$ mm 的小孔，用风铲铲除残留部分，并用角向砂轮机磨光。

主管与支管组对时，最上部为角焊缝，尖角处为对接焊缝，其余部分为过渡状态。因此，主管的开孔在角焊处不开坡口，而应在向对焊处伸展的中点处起开坡口，到对焊处为 30°；支管要全部开坡口，坡口的角度在角焊处为 45°，对焊处为 30°，从角焊处向对焊处逐渐缩小坡口角度，均匀过渡。

三通组对时，主、支管位置要正确，不能错口。制作后在平面内支管不应有翘曲，组对间隙在角焊处为 2～3 mm，对焊处为 2 mm。支管的垂直偏差不应大于其高度的 1%且不大于 3 mm。各类三通的制作均应符合上述要求。

3.3.3 管件的三角形法展开

当管件上的表面(平面或曲面)不宜或无法用平行线法或放射线法直接求作其展开图时，可把这种表面划分成若干个三角形，然后求出三角形各边的实长，再依次序拼画出各个三角形，从而得到制件的表面展开图。这种作展开图的方法称为三角形法。

1. 斜口大小头的展开

斜口大小头与偏心大小头的两口面都是直径不

同的两个圆，但前者两个口面平行，后者不平行。因为斜口大小头表面没有一个固定顶点的斜锥面，因此其展开不能沿袭前述斜锥展开的方法，宜采用三角形法展开。具体做法如下：

1) 换面逼近

(1) 将上下口圆分别以对称中面上的 A、G、a、g 为基准点各自 12 等分，编号如图 3-49 所示。然后连 A、a，自 Aa 线起，一上一下依次连接各等分点，由此得到 24 条直线，即图中 aA、Ab、bB、Bc、cC、Cd、dD、…、La、aA，这些就是待求的实长线。

(2) 分别用每条直线和下口圆心确定的平面分割蒙面，得到 24 个三角曲面元，同时也得到与之对应的 24 个平面三角形，即图中△aAb、△AbB、△bBc、△BcC、…、△lLa、△LaA。

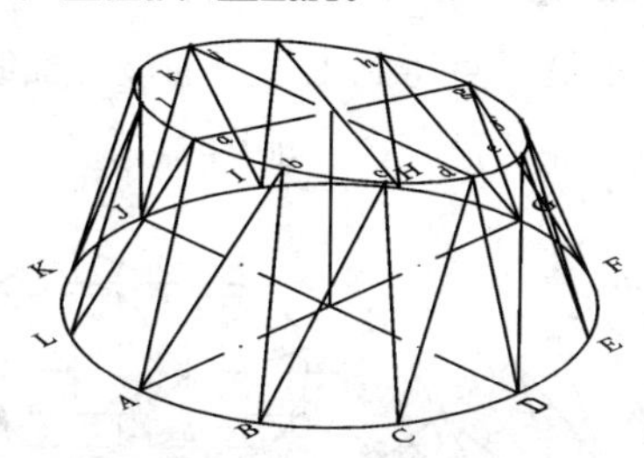

图 3-49　斜口大小头的展开

2) 求实长

(1) 以对称中面为 V 面作立面图和俯视图。在立面图上，a、b、c、…、g 通过 $R60$ 半圆的 6 等分点向上口线作垂线求得；在上方俯视图上，a、b、c、…、

g 是半个小圆的 6 等分点，a'、b'、c'、…、g' 是其在底面上的投影，因与 a、b、c、…、g 重合，未予标出。

(2) 图中实长 bB 是以 Bb'、bb' 为直角边的三角形斜边，实长 Bc 是以 Bc'、cc' 为直角边的三角形斜边，也就是说，实长可以在知道直角边以后通过画直角三角形来求得，而 $bb'cc'$ 是各点的高，可以在立面图上由 b、c 向下口线作垂线求出，至于 Bb'、Bc' 可以在俯视图上连接 Bb 和 Bc 点得出。

3) 画展开图(只画对称的一半)

(1) 选定 Gg 为切开线并以之作为起始线在同一平面内逐个画出△GgF、△Fgf、△Ffe、△eED、…、△BbA、△bAa，即得由 12 个三角形组成的半个展开图。

(2) 以 Aa 为中线求出展开图的另一半。用两条曲线连接相应的展开点得到上下口的展开曲线，再连接相应的端点，完成展开图。如图 3-50 所示。

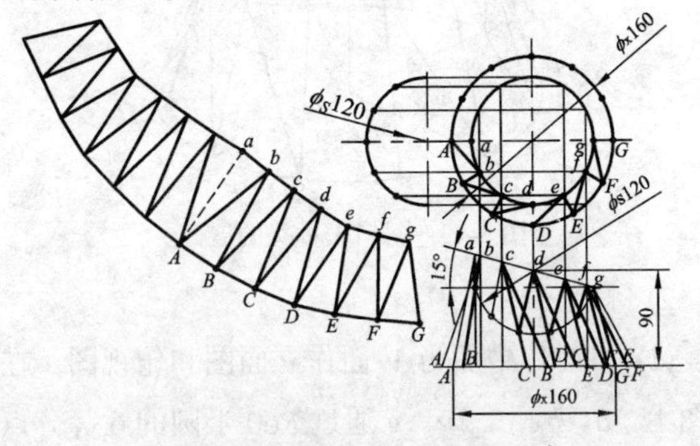

图 3-50　斜口大小头的展开画法

2. 异径马蹄弯的展开放样

在实用中，异径马蹄弯的上下半节有两种组合：一是上半节是管，下半节是正圆锥；二是上下都是正圆锥。准确地说，前者是管锥弯，后者是一节渐缩牛角弯。此处我们先介绍前者的展开，后者在渐缩牛角弯中介绍。

例 1 给定锥角的管锥弯如图 3-51 所示。已知马蹄弯弯曲角度为 60°，弯曲半径 $R = 120$，上半节为直管，上口外径$\phi 80$，下半节为正圆锥，下口外径$\phi 120$，底角为 75°，上半节样板厚度 $\delta = 0.5$，下半节钢板厚度 $\delta =3$。求作：① 上半节的外包样板；② 下半节的平料样板。

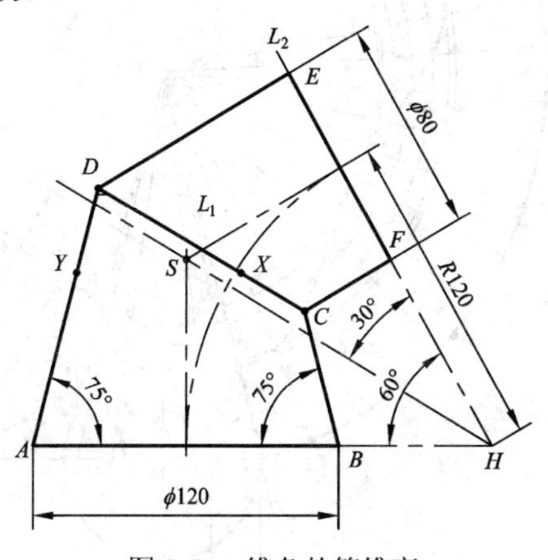

图 3-51 锥角的管锥弯

图 3-52 为给定锥角的管锥弯上半节展开图，展开提示如下。

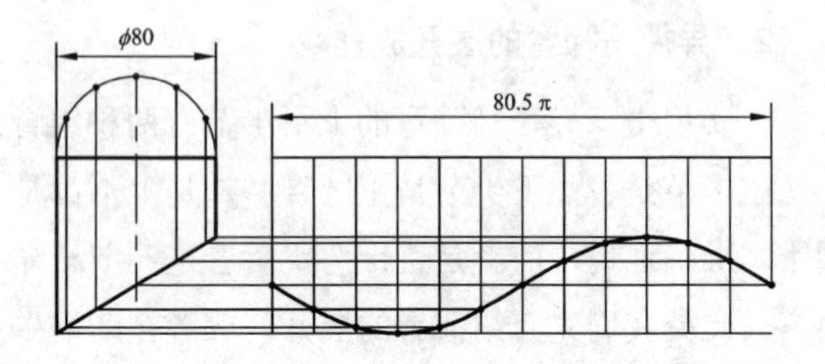

注：为避免出现十字焊缝，管节接缝宜错开90°。

图 3-52 给定锥角的管锥弯上半节展开图

(1) 画立面图是本题关键，具体画法为：

① 如图 3-53 所示，作长度为 120 的线段 *AB* 及其中垂线 *OK*，过 *A*、*B* 作 *AB* 的 75° 线 *AD* 和 *BC*。

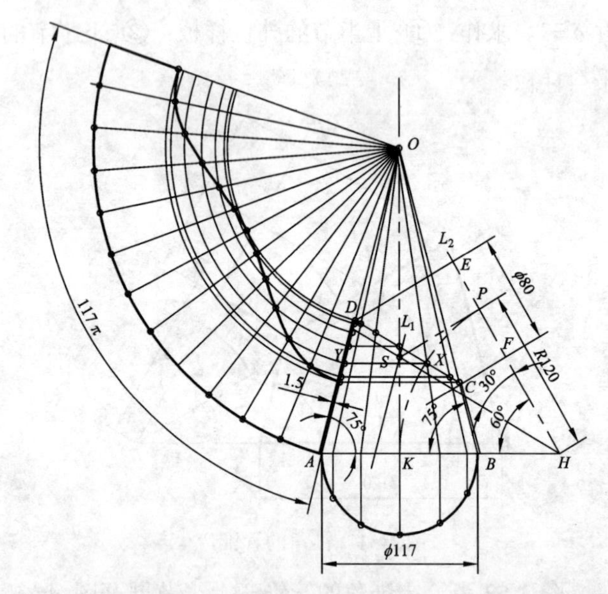

图 3-53 给定锥角的管锥弯的展开图

② 作锥边线 *AD* 的平行线 L_1，使之与轴线 *OK* 相

交于 S。

③ 过 S 作与底线 AB 夹角为 30° 的直线 SH，交 AB 延长线于 H；在 SH 的另一边，过 H 再作一条 30° 线 L_2。

④ 过 S 作 L_2 的垂线，垂足为 P；在 PS 两旁作与之距离等于 40 的两条平行线，分别与 AD、BC 交于 C、D，与 L_2 交于 E、F。

⑤ 连 C、D，则四边形 $CFED$ 是上管的立面图；但四边形 $ABCD$ 只是下锥的外形图，展开时应该考虑板厚的影响，即按下口中径和锥角 75° 作展开立面图。

(2) 素线实长不能搞错。图中 OX 只是立面图上的长度，不是实长；过 X 作底边的平行线交 OA 或 OB 于 Y，OY 才是所求。

例 2 给定管口位置的管锥弯的展开如图 3-54 所示。已知：弯曲半径 R，弯曲角度 α，上管外径 ϕ_S，下锥底外径 ϕ_X，样板板厚 δ_1，下锥板厚 δ_2。求作：① 上半节的外包样板；② 下半节的下料平样板。

图 3-55 为给定管口位置的管锥弯的展开图，展开说明如下。

(1) 立面图画法。

① 在 α 角的底边距顶点 O 为 R 的 K 点作垂线 ZX，交 α 角的角平分线于 Z；过 Z 作 α 角另一边的垂线 ZS，垂足为 S。

② 分别以 K、S 为圆心，$\phi_X/2$、$\phi_S/2$ 为半径画

弧，交 α 角两边于 A、B、C、D。

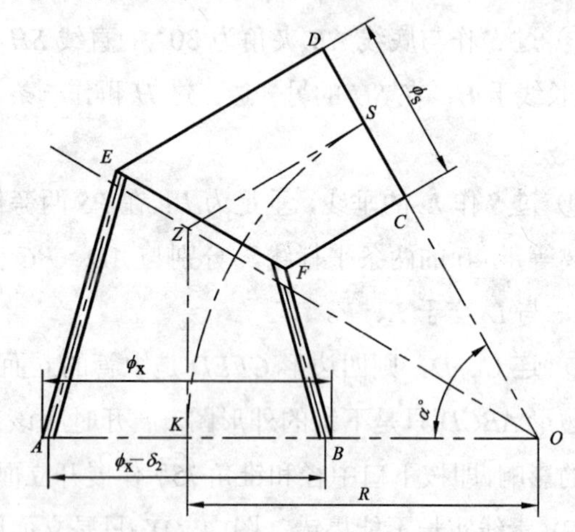

图 3-54　给定管口位置的管锥弯

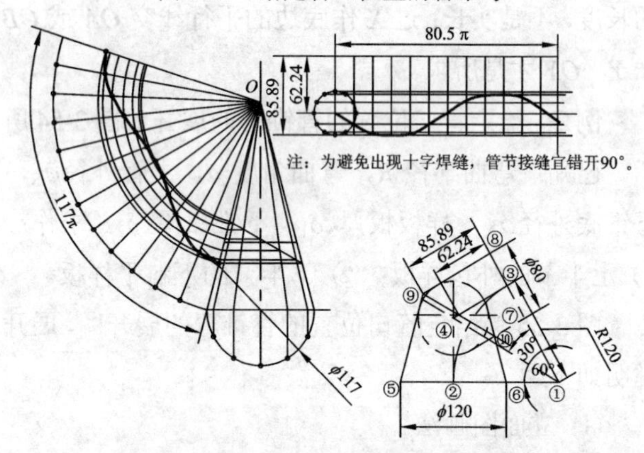

图 3-55　给定管口位置的管锥弯的展开图

③ 以 Z 为圆心作直径 ϕ_S 的圆；过 A、B、C、I 向该圆作切线，相应交点为 E、F，连 E、F 得管半节立面图——四边形 $CDEF$。

锥半节要考虑板厚，应以中径和板中层构建的中锥面进行展开。具体做法：在 *AE*、*BF* 中间分别作 *AE*、*BF* 的平行线 *OA*'、*OB*'，二线距 *AE*、*BF* 的距离均为 0.5δ，点 *O* 为二线交点，也就是锥顶；*EF* 位置不变；按锥面 *OA'B'*被截面 *EF* 截得的斜截锥面展开即可。

上半节(斜口圆管)样板按外包样板筒的中径计算展开长度；下半节(斜口锥管)按中径计算展开长度(展开过程略)。

本题属近似画法，一般情况下只要检查过 *K* 点的直径ϕ_K能保证错位量不大于 1 即可。

3. 渐缩牛角弯

1) *渐缩马蹄弯*

渐缩马蹄弯实际上就是一节牛角弯，如图 3-56 所示。

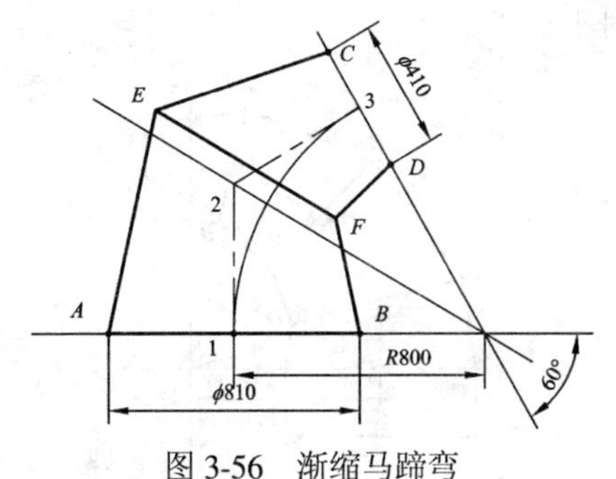

图 3-56　渐缩马蹄弯

已知：弯头角度 $\alpha=60°$，小口外径$\phi1=410$，大口外径$\phi2=810$，节数 $N=1$，弯曲半径 $R=800$，板厚

T=6。其展开图如图 3-57 所示。

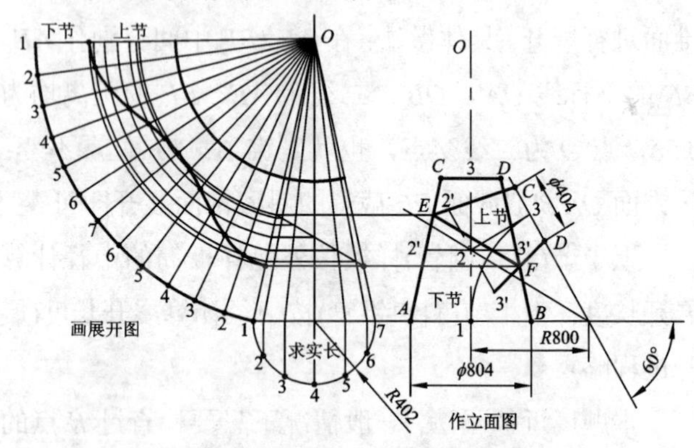

图 3-57　渐缩马蹄弯展开图

2) 90° 三节渐缩牛角弯

已知：小口外径 $D1=420$，大口外径 $D2=820$，节数 $N=3$，弯头角度 $\alpha=90°$，弯曲半径 $R=800$，板厚 $T=10$，如图 3-58 所示。求作：三节渐缩牛角弯各节的下料平样板。

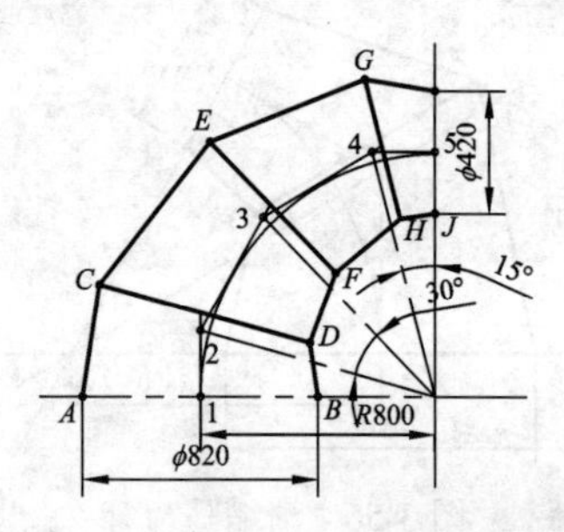

图 3-58　三节渐缩牛角弯的已知条件

本题的难点在画立面图。立面图按中径画，故小口直径取 410，大口直径取 810。如图 3-59 所示。

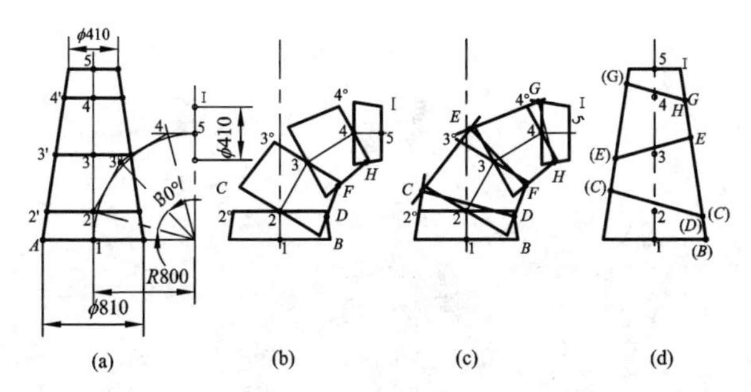

图 3-59　三节渐缩牛角弯实际结合线的画法

(1) 先按已知条件在立面图上画出弯头的中轴线，画法同等径弯头，也是两头两个 15° 半节，中间两个 30° 全节。

(2) 以四个中轴线段之和(由下而上依次逐段增加，即将中轴折线沿垂线 12 展开为直线)为高、以已知条件中的对应值为上、下口直径作一正圆锥台，并通过各段中轴线端点作底边平行线，将正圆锥台分割为四段，即得到四个梯形。

(3) 在上述正圆锥台的右边再拷贝一个正圆锥台，以其底部为基准，以下半节轴线的上端为旋转中心，将上部三段，包括边线、底线，随同其轴线相对右旋 30°，通过相应锥边或其延长线的交点找出两段之间的实际结合线；继续同一做法，求出全部(三条)实际结合线，完成立面图。

(4) 将实际结合线给出的各段锥边长转移到左边正圆锥台求各段实长。

三节渐缩牛角弯展开图如图 3-60 所示(展开过

程略)。

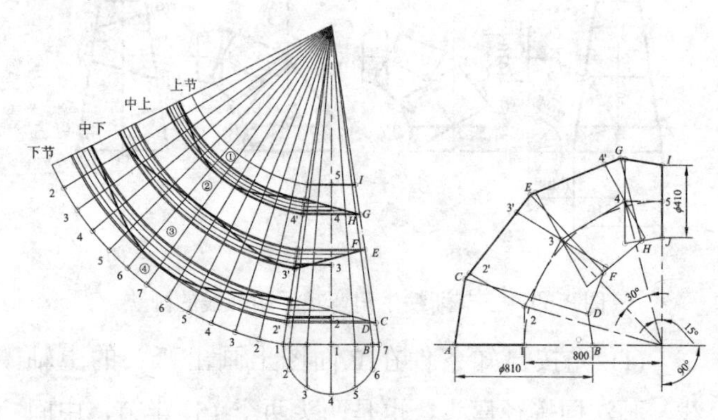

图 3-60　三节渐缩牛角弯展开图

3.4 展开放样训练

练习一　按图 3-61 的已知条件制作偏心大小头的下料样板。

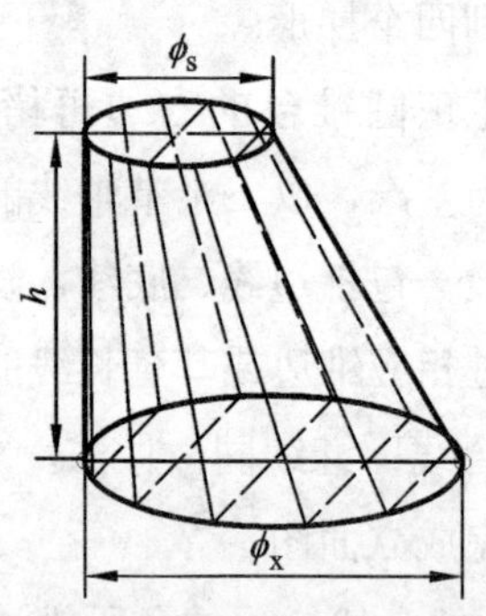

图 3-61　偏心大小头的已知条件

已知：底圆中径$\phi_X = 100 + k$(k 为学号的后两位数)，

顶圆中径$\phi_S=0.5\ \phi_X$，大小头高 $h=120$，斜锥顶点在底面上的投影位于底圆上。求作该偏心大小头的下料平样板。

展开图画法参考图 3-62。

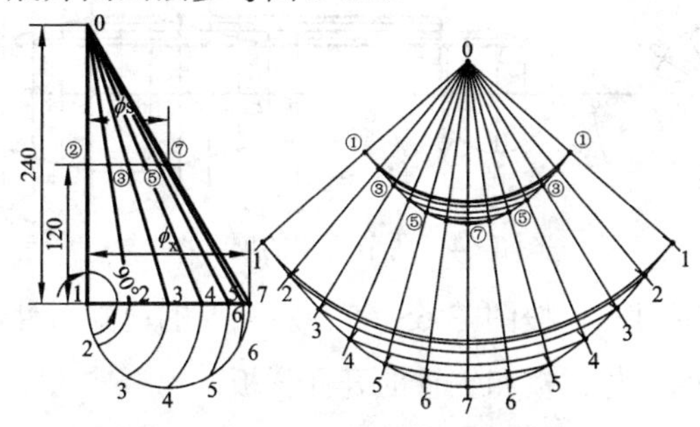

图 3-62　偏心大小头的展开图

练习二　按图3-63的已知条件制作等径60° 两节弯头的全节外包样板。

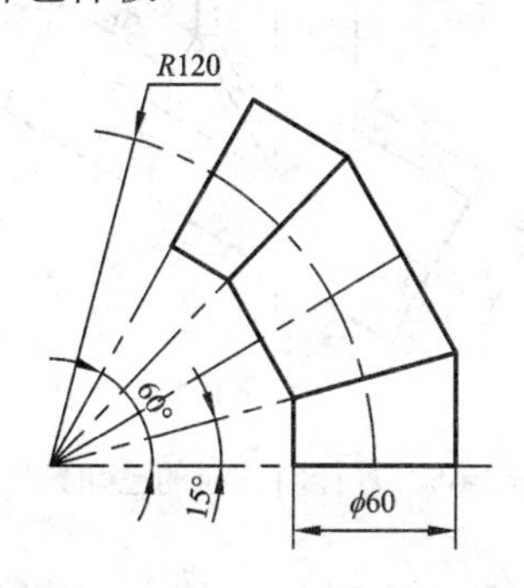

图 3-63　两节弯头的已知条件

已知：弯头角度 $\alpha=60°$，弯头节数 $n=2$，弯曲半径 $R=120$，被包管外径$\phi=60$，样板厚度 $\delta=0.6$。求作上述ϕ60 管弯头的外包样板。

展开图画法如图 3-64 所示。

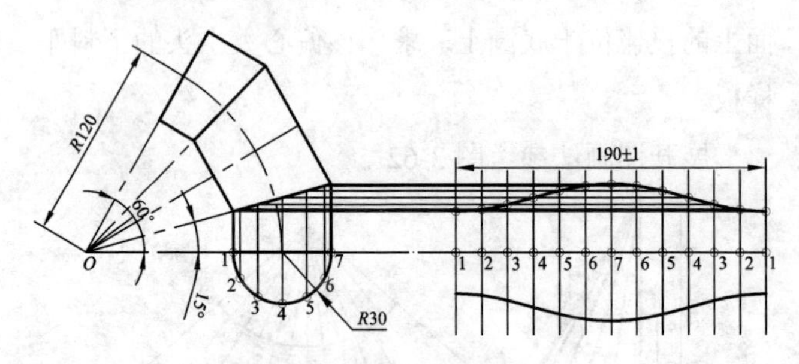

图 3-64　两节弯头的展开图

练习三　按图 3-65 等径斜三通的已知条件制作插管的外包样板和主管的开孔样板。

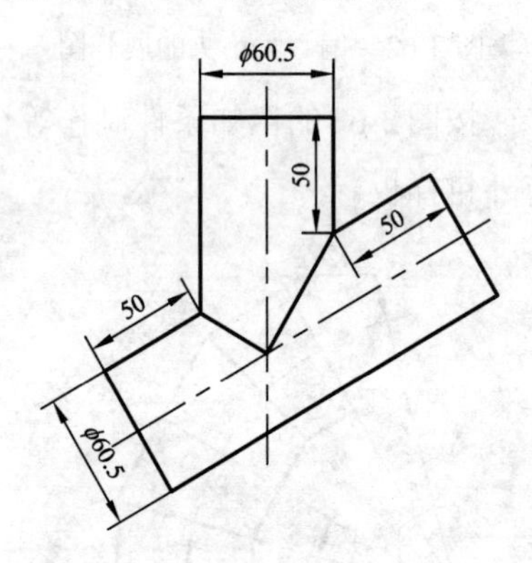

图 3-65　等径斜三通的已知条件

已知：斜角 $\alpha = 60°$，管外径$\phi = 60$，样板厚度 $\delta = 0.5$，插管短边 $L = 50$。求作插管外包样板与主管开孔样板。

展开图画法如图 3-66 所示。

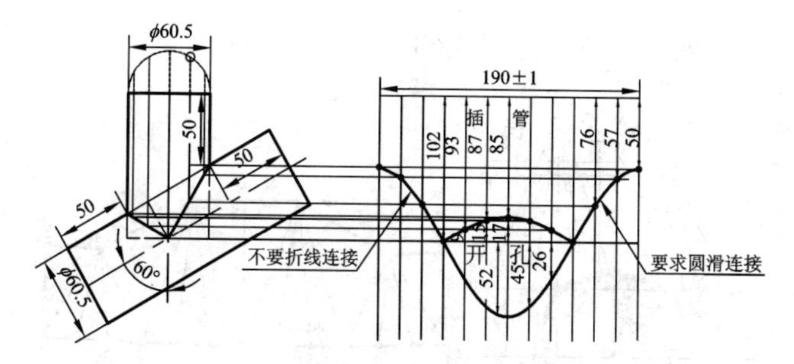

图 3-66　等径斜三通的展开图

练习四　按图 3-67 所示天方地圆的已知条件制作下料平样板。

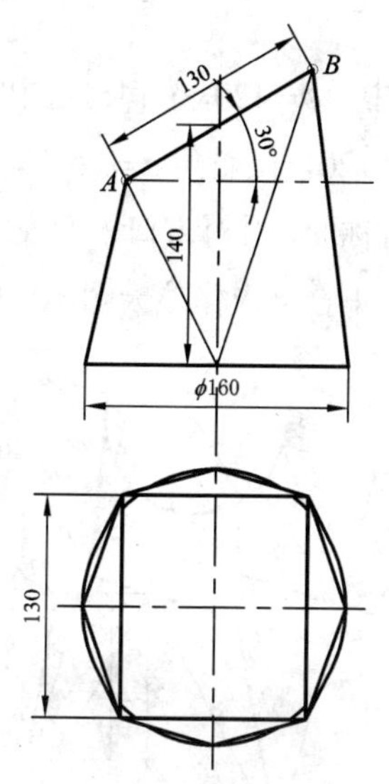

图 3-67　天方地圆的已知条件

已知：天方中距 $m \times n = 130 \times 130$，地圆中径$\phi=160$，天方中心高 $h=140$，天方中心在地圆所在平面的投影与地圆中心重合。求作该天方地圆的展开样板。

展开画法参考图 3-68。

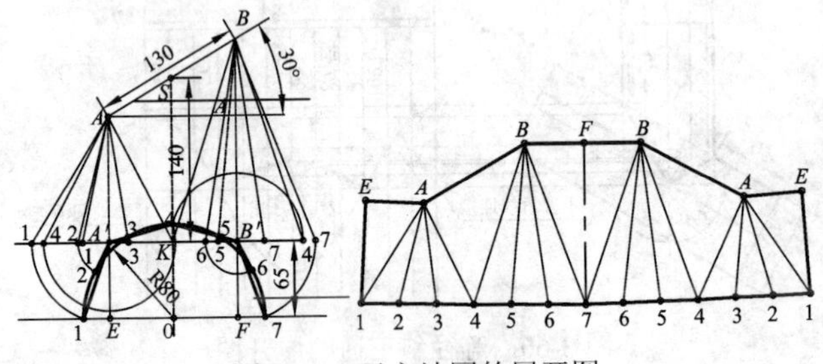

图 3-68　天方地圆的展开图

练习五　按图 3-69 所示天圆地方的已知条件制作下料平样板。

已知：圆口中径$\phi = 120$，方口对边中距$m \times n = 150 \times 150$，中心高$h = 120$，倾斜角$\alpha = 15°$，板厚$\delta = 1$，该方圆头有一个对称面，且对方口平面投影时，天圆圆心投影与方口中心重合。求作该天圆地方的展开样板。

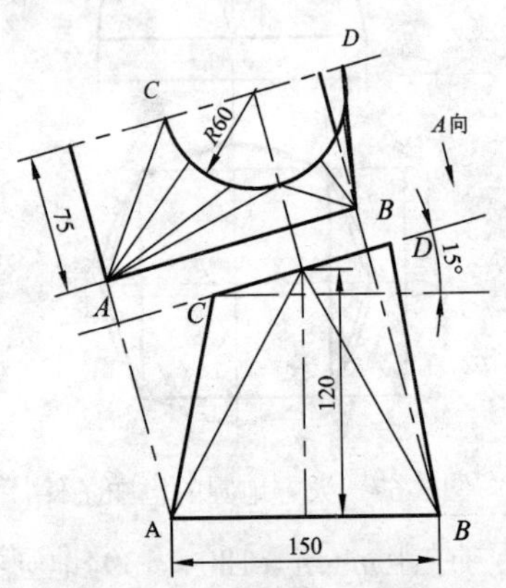

图 3-69　天圆地方的已知条件

本题展开方法如图 3-70 所示。

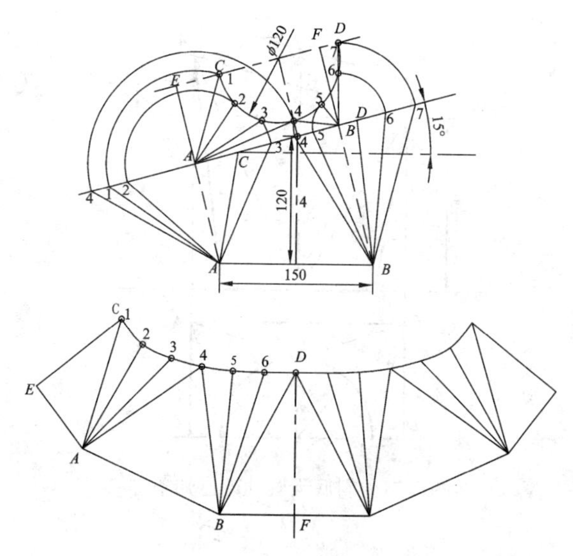

图 3-70　天圆地方的展开图

3.5　计算机辅助展开练习

这一节的内容在层次上略有提高，展开工作量也相对大一些，但是用计算机绘制展开图比较方便。以下几个例题供有 CAD、ProE、UG 等软件使用基础的同学练习。操作时如有难处，可参考所附参考图。

练习一　按图 3-71 所示斜底天方地圆的已知条件制作下料平样板。

已知：天圆$\phi=110$，地方$L=160\times160$，小锥高$h=120$，倾斜角$\alpha=15^{\circ}$，板厚$\delta=1$，该方圆头有一个对称面，且对圆口平面投影时，方口中心投影与圆心重合。

展开画法可参考图 3-72。

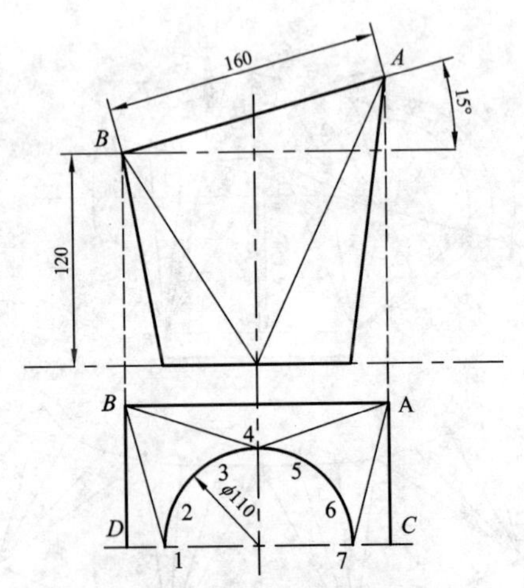

图 3-71　斜底天圆地方已知条件

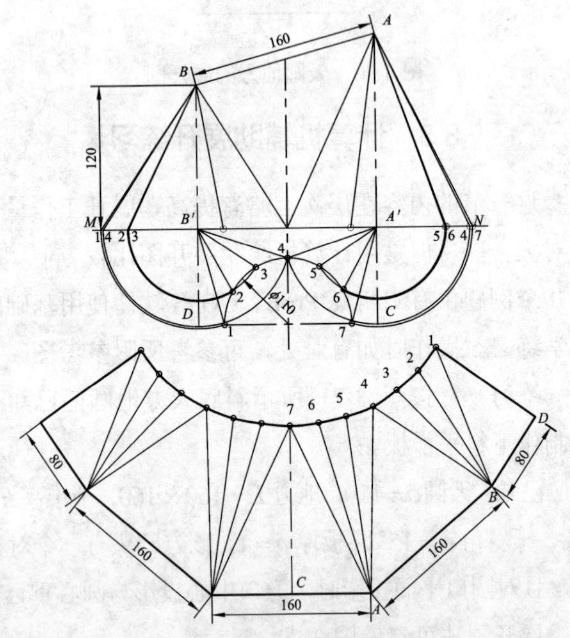

图 3-72　斜底天圆地方的展开图

练习二　按图 3-73 所示平口渐缩三通的已知条件制作下料平样板。

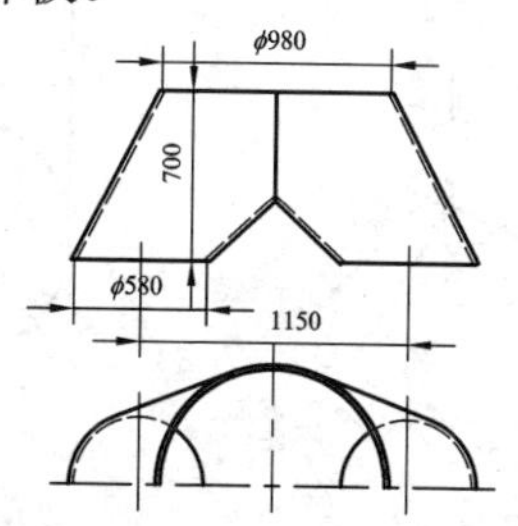

图 3-73　平口渐缩三通的已知条件

已知：上下口平行，距离 $h = 700$，两下口中心距 $L = 1150$，上口中径$\phi = 980$，下口中径$\phi = 580$，板厚 $\delta = 6$。

说明：

(1) 本题实质是两斜锥相贯，上口各等分点对应的实长线被相贯线所截取的线段即是实长。

(2) 为简便，俯视图只画一半。

展开画法参考图 3-74。

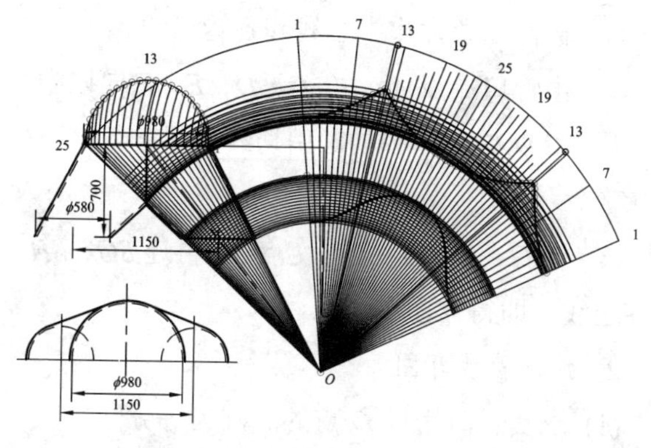

图 3-74　平口渐缩三通的展开图

练习三　渐缩裤裆管。其已知条件如图 3-75 所示。

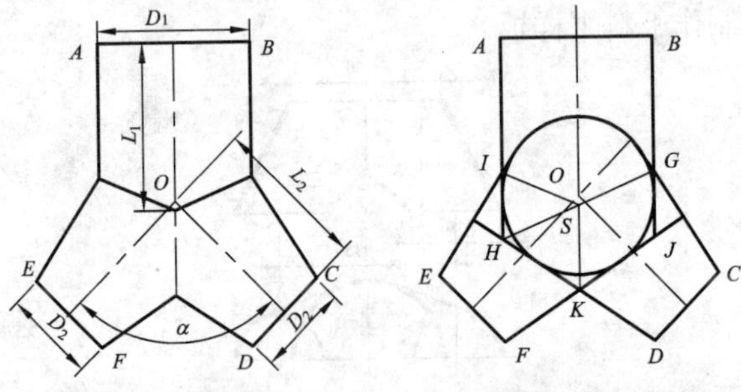

渐缩三通已知条件　　　　渐缩管三通立面图

图 3-75　渐缩三通的已知条件与立面图画法

已知：大管中径 D_1，锥管小口中径 D_2，板厚 δ，分叉角度 α，口面尺寸 L_1、L_2。

展开步骤如下：

1) 作立面图

作立面图的目的是画出相贯线，为求实长作准备。

(1) 按已知条件作中心线和各管口线。

(2) 由管口端点 A、B、C、D、E、F 向以中心点 O 为圆心、$D_1/2$ 为半径的圆引切线，得交点 H、G、I、J、K。

(3) 连 G、H 和 I、J 得交点 S；再连 SG、SH、SJ 和各边线，即得立面图。

2) 作锥管展开图

(1) 求实长时用过 O 点的底圆为等分圆。

(2) 因最长处的 R 点不是等分点，展开图上 R、4

两点弧长应按底圆上 $R4$ 弧长的实际长度量取。

(3) 其余做法详见图 3-76(a)。

注意：圆锥展开时，立面图上素线一般不反映实长。立面图上圆锥面某一点的实长，应由该点引底边平行线与最外边的边线的交点去求得。

3) 作主管展开图

主管展开图的作法同三通插管，详见图 3-76(b)。

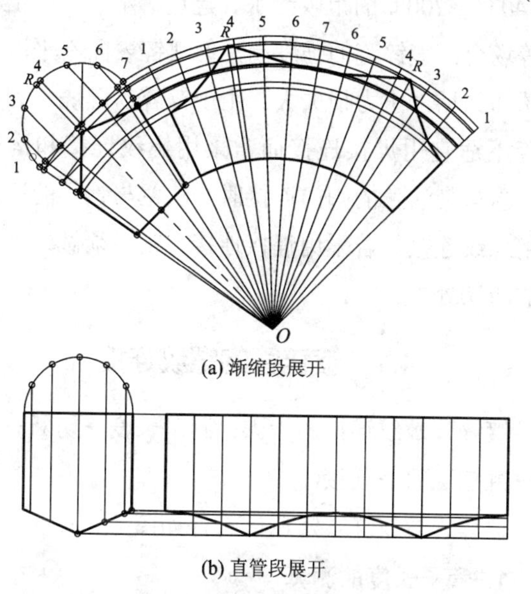

(a) 渐缩段展开

(b) 直管段展开

图 3-76　渐缩裤裆管的展开图

第 4 章　镀锌管的安装

镀锌管的管径一般为 $DN \leqslant 100$ mm，适用于使用温度-40℃～200℃的市政给水、建筑给水、一般工业供水等场合。镀锌管的强度高，但镀锌表面不平滑，易生锈和结垢，压力损失大。由于锌容易燃烧，因而镀锌管不适宜用焊接连接而常采用螺纹连接和沟槽连接。当与带法兰的阀门连接时，法兰与管子的连接常采用螺纹连接。若采用焊接连接，则必须做好焊接部位的防锈处理。

4.1　镀锌管的螺纹连接

镀锌管螺纹连接的步骤：测量长度→切断→套螺纹→缠绕填料→连接。

镀锌管螺纹连接常用的管件如图 4-1 所示。

1. 管子长度的测算

(1) 螺纹连接时的测算。如图 4-2 所示的管段，我们把两管件(或阀门)中心线之间的长度称为构造长度(L)，管段中管子的实际长度称为下料长度(S)。管道连接过程中，当待连接处所需管子的长度小于 6 m 时

(市场上出售的镀锌管长度为 6 m)，才需要进行管子实际下料长度的测算。

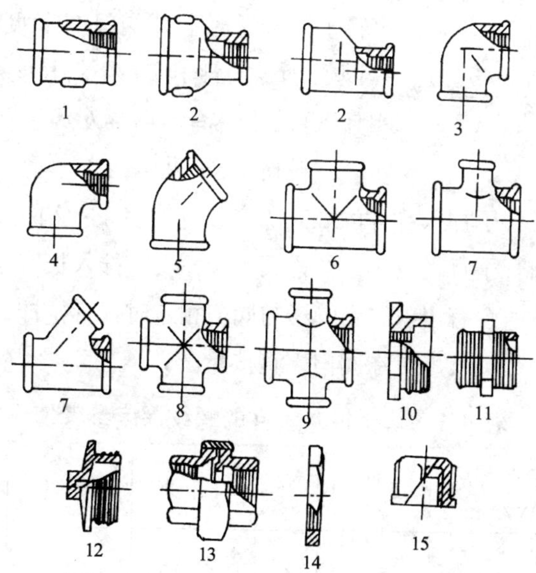

1—直通；2—大小头；3—弯头；4—异径弯头；5—45°弯头；6—三通；7—异径三通；8—四通；9—异径四通；10—补芯；11—内接头；12—堵头；13—活接头；14—锁紧螺母；15—管帽

图 4-1　镀锌管螺纹连接常用管件

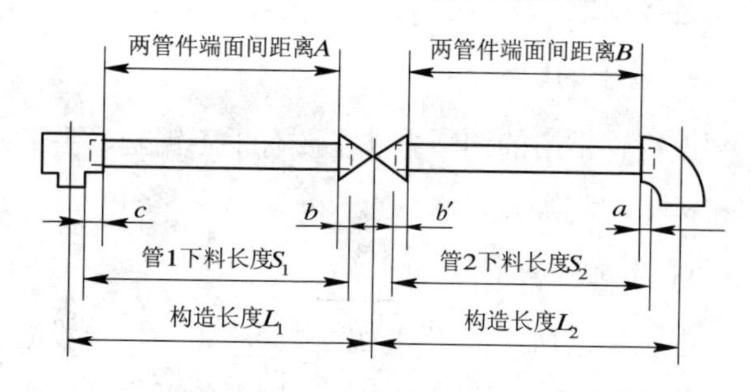

图 4-2　管子长度测算简图

测算方法如下：将两管件(或阀门)按构造长度(L)摆在相应的位置，测出两管件(或阀门)端面间的距离(A 或 B)，然后加上管子拧入两管件(或阀门)的长度(图中的 a、b、b' 、c)即为所需的管子实际下料长度：

$$实际下料长度\ S_1 = A + c + b$$

$$实际下料长度\ S_2 = B + a + b'$$

管子拧入管件的螺纹深度参见表 4-1，实际施工时因管子直径及螺纹的松紧不同，实际拧入长度与表中数值会有出入。当管子与阀门相连时，管子拧入阀门的最大长度可在阀门上直接量出。

表 4-1　管子拧入管件的螺纹深度参考值

公称直径 DN/mm	15	20	25	32	40	50	65	80
拧入深度 /mm	10.5	12	13.5	15.5	16.5	17.5	21.5	24

(2) 法兰连接时管子实际下料长度的测算方法与螺纹连接相似。

2. 管子的切断方法

镀锌管常用的切断方法主要有手工锯割、手工刀割和机械切割等。

1) 手工锯割

手工锯割所用的工具为锯弓架和锯条，一般适用于切断 DN200 mm 以下的管子。钢锯条可按每 25 mm

长度内的齿数分为粗齿(<14 齿)、中齿、细齿(>22 齿)三种规格。锯割时要求有 3 个齿同时参与切割，否则容易卡掉锯齿，因此锯割时应根据管子的壁厚合理选择锯条。一般来说，*DN*40 mm 以下的管子宜选用细齿锯条，*DN*50～*DN*200 mm 的管子可用中、粗齿锯条。为保证切割断面与管子中心线垂直，锯割前需沿垂直于管子中心线方向先用样板划好管子切断线。划线样板可采用较厚的纸张等不易折断的材料制成，样板长度为 $\pi(D-2)$(其中 D 为管子外径)，宽度为 50～100 mm。划线时将样板的一侧对准下料尺寸线处，并使样板紧紧包住管子，用划针或石膏笔沿样板侧面绕管子画一圈。锯割时将管子夹持在管子台虎钳(又称管压钳)上，锯割过程中要始终保持锯条与管子中心线垂直。若发现锯口歪斜，可将锯弓反方向偏移，待锯缝回复到原线后再扶正锯弓继续锯割。锯割较大的管子时可适当地向锯口处滴入机油以减少摩擦力。快要锯断时，锯割速度要减缓，力度要小，必须用锯断的方式而不能在剩余一些时用折断来代替锯割，以免管子变形而影响螺纹的套制及安装质量。

夹持管子时，管子台虎钳(如图 4-3 所示)的型号应与管子的规格相适应，若用大号管子台虎钳夹持小管子，则容易压扁管子。不同型号管子台虎钳的适用范围如表 4-2 所示。

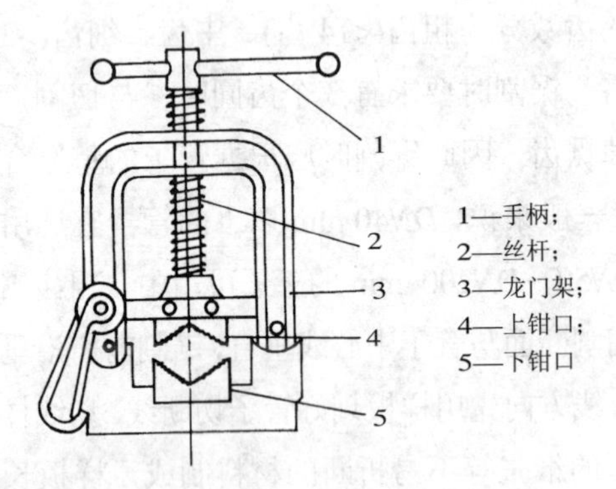

图 4-3　管子台虎钳

表 4-2　管子台虎钳适用范围

管子台虎钳型号	1#	2#	3#	4#	5#
适用管子公称直径/mm	15～50	25～65	50～100	65～125	100～150

2) 手工刀割

用管子割刀(又称割管器，如图 4-4 所示)切割管子的方法称为刀割。割刀由滚刀、压紧滚轮、滑动支座、螺杆、螺母及把手等组成。割刀的选用参见表 4-3。

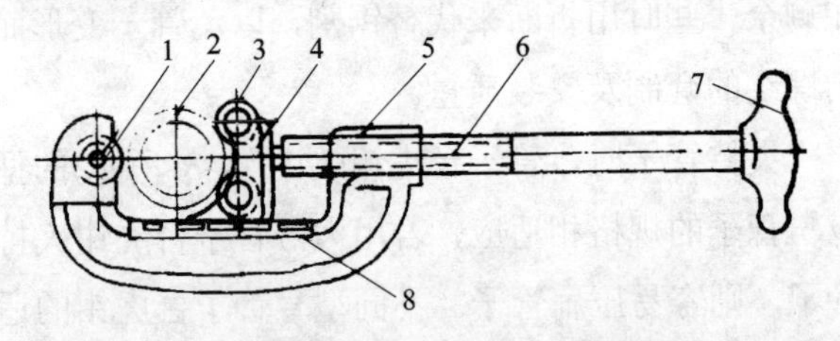

1—滚刀；2—被割管子；3—压紧滚轮；4—滑动支座；
5—螺母；6—螺杆；7—把手；8—滑道

图 4-4　割管器

表 4-3 割刀型号表

割刀型号	1#	2#	3#	4#
适用管子公称直径/mm	15～25	25～50	50～80	80～100

割管时必须将管子穿在割刀的两个压紧滚轮与滚刀之间，刀刃对准管子上的切断线，转动把手 7 使两个滚轮适当压紧管子，但压紧力不能太大，否则转动割刀将很困难，还可能压扁管子。转动割刀之前，先在割断处和滚刀刃上加适量机油，以减少刀刃的磨损。每转动滚刀一圈拧紧把手一次，滚刀即可不断地切入管子直至切断。若滚刀的刀刃不锋利或有崩缺，要及时更换滚刀。

刀割的优点是切口平齐、操作简单、易于掌握，其切割速度较锯割快，但管子切断面因受刀刃挤压而使切口内径变小。为避免因管口断面缩小而增加管道阻力，可用锉刀或刮刀将缩小的部分去除。

3) 机械切割

机械切割可以减轻工人的劳动强度，常用的方法有弓锯床锯割、磨割、在电动套丝机上用切刀割断等。

弓锯床锯割一般适用于壁厚大于 10 mm 的管子，对较小的管子不适用。在套丝机上切割后面再详述，此处只讨论磨割。

磨割是指使用砂轮切割机切断管子，切割时电动机带动砂轮切割片高速旋转，砂轮切割片不断磨切管子直至磨断为止。砂轮切割机的结构如图 4-5 所示，切割方法如下：

图 4-5　砂轮切割机

(1) 将划好线的管子放在切割机的夹紧装置内，用手压下手柄使砂轮切割片靠近管子，调整管子的左右位置使砂轮切割片对准切割位置，然后夹紧管子。

(2) 启动切割机，压下手柄使砂轮切割片切入管子直至切断为止。切割时压手柄的力不可过猛，以免砂轮切割片因受力过大而破裂；切割过程中人不可站在砂轮切割片一侧，以防砂轮破裂飞出伤人；若发现砂轮片转动不平稳或有冲击、振动现象，应立即停机检查砂轮切割片有无缺口，对已出现缺口的砂轮切割片必须及时更换，不得继续使用。

(3) 若切口部位有较大的毛刺，可在砂轮上磨去或用锉刀锉平毛刺。

3. 螺纹的套制

管道螺纹连接采用英制 55° 角的管螺纹，阀件、连接件由专业厂按标准制造。管道螺纹的内螺纹是圆柱形，为加强接口的防水效果，要求管端加工成圆锥形外螺纹。管子套螺纹的方法分手工套制和机械套制两种。套制的螺纹质量要求如下：

(1) 螺纹端正，不偏扣，不乱扣，光滑无毛刺，断口和缺口的总长度不超过螺纹全长的10%，且在纵方向上不得有断缺处相连。

(2) 螺纹要有一定的锥度，松紧程度要适中。螺纹套好后要用连接件试拧，以用手能拧进 2～3 圈为宜。过松则连接后的严密性差；过紧则连接时容易将管件或阀门胀裂，或因大部分管螺纹露在管件外面而降低连接强度(螺纹的松紧与套制时扳牙位置的调整和套入管子的长度有关)。

(3) 螺纹安装到管件后以尚外露 2～3 扣为宜。管端的螺纹加工长度参见表 4-4。

表 4-4　管端的螺纹加工长度参考表

管子公称直径		螺纹外径/mm	螺纹内径/mm	螺纹最大长度/mm		连接阀门端螺纹长度/mm
/mm	/in			一般连接	长螺纹连接	
15	1/2	20.96	13.63	14	45	12
20	3/4	26.44	24.12	16	50	13.5
25	1(1/2)	33.25	30.29	18	55	15
32	1	41.91	38.95	20	65	17
40	1(1/2)	47.81	44.85	22	70	19
50	2	59.62	55.66	24	75	21
65	2(1/2)	75.19	72.23	27	85	23.5
80	3	87.88	84.98	30	95	26
100	4	113	110.08	36	106	—

1) 手工套螺纹

手工套螺纹常用的工具有普通式铰扳和轻便式铰扳。管道工程施工中多选用普通式铰扳，轻便式铰扳一般用于管道的维修等工作量较小的场合。

(1) 用普通式铰扳套螺纹。3 英寸以上的大直径管子套螺纹劳动强度大，一般用机器套制。常见的普通式铰扳是 2 英寸的，它的结构如图 4-6 所示，通过更换扳牙，可分别套制 1/2、3/4、1、1(1/4)、1(1/2)、2 英寸六种规格的管螺纹，相应的扳牙规格有 1/2～3/4 英寸、1～1(1/4)英寸、1(1/2)～2 英寸三组。每组扳牙由四块组成，将扳牙装入铰扳本体时必须按每个扳牙上所标的顺序号(1～4)对号入座(顺时针方向)，否则将套丝乱扣或无法套丝。使用时还必须在手柄孔 7 上装接一根或两根长手柄。

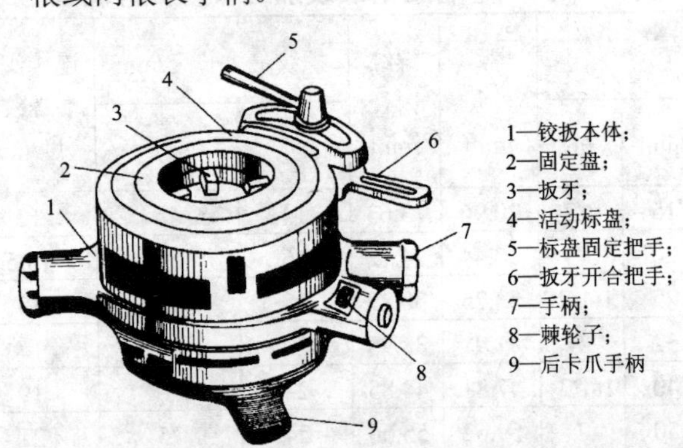

图 4-6 普通铰扳结构

用普通式铰扳套螺纹的步骤如下：

① 用毛刷清理干净铰扳本体，将与管子公称直径相对应的一组扳牙按顺序插入铰扳本体的扳牙室内。为保证套出合格的螺纹以及减轻切削力，套制时吃刀不宜过深，一般 *DN*25 mm 以下的管子可一次套成，*DN*25 以上的管子宜分 2～3 次套成。根据以上条件，参照固定盘上的刻度将活动标盘旋转至相应的位置并固定。

② 将管子夹紧在合适的管子台虎钳上，管端伸出台虎钳约 150 mm。注意管口不得有椭圆、斜口、毛刺及喇叭口等缺陷。

③ 转动铰扳的后卡爪手柄，使后卡爪张开至比管子外径稍大，把铰扳套入管子(后端先进)，然后转动后卡爪手柄将铰扳固定在管子上，移动铰扳使扳牙有 2～3 扣夹在管子上，并压下扳牙开合把手。

④ 套丝操作时，人面向管子台虎钳两脚分开站在右侧，左手用力将铰扳压向管子，右手握住手柄顺时针扳动铰扳，当套出 2～3 扣丝后左手就不必加压，可双手同时扳动手柄。开始套螺纹时，动作要平稳，不可用力过猛，以免套出的螺纹与管子不同心而造成啃扣、偏扣。套制过程中要间断地向切削部位滴入机油，以使套出的螺纹较光滑以及减轻切削力。当套至接近规定的长度时，边扳动手柄边缓慢地松开扳牙开合把手套出 1～2 扣螺纹，以使螺纹末端有合适的锥度。

⑤ 转动铰扳的后卡爪手柄使后卡爪张开，取出铰扳。若是分次套制，则重新调整扳牙并重复步骤②～⑤直至完全套好。

(2) 用轻型铰扳套丝。在一套轻型铰扳中，有一个铰扳和若干个已装入不同规格扳牙的扳牙体，套丝时根据管径选取相应的一个可换扳牙体放入铰扳即可使用。由于这种铰扳体积较小，因而除了在工作台上套制螺纹外，还可在已安装的管道系统中就地套螺纹。

用轻型铰扳套螺纹的步骤如下：

① 将管子夹紧在合适的管子台虎钳上，管端伸出台虎钳约 150 mm。注意管口不得有椭圆、斜口、毛刺及喇叭口等缺陷。

② 根据管径选取相应的一个可换扳牙体放入铰扳，将铰扳套进管子，拨动拨叉使铰扳能顺时针带着可换扳牙体转动。套丝操作时，人面向管子台虎钳两脚分开站在右侧，左手用力将铰扳压向管子，右手握住手柄顺时针扳动铰扳，当套出 2～3 扣丝后左手就不必加压，可双手同时扳动手柄。开始套丝时，动作要平稳，不可用力过猛，以免套出的螺纹与管子不同心而造成啃扣、偏扣。套制过程中要间断地向切削部位滴入机油，以使套出的螺纹较光滑以及减轻切削力。当套至规定的长度时，拨动拨叉使铰扳逆时针带着可换扳牙体转动退出管子即可。

若要在长 100 mm 左右的短管两端套丝，由于如此短的管子夹持到管子台虎钳后伸出的长度小于铰扳的厚度而无法套丝，为此，可先在一根较长的管子上套好一端的螺纹，然后按所需的长度截下，再将其拧入带有管箍(直通)的另一根管子上即可夹紧在管子台虎钳上进行套丝。

2) 在电动套丝机上切断、套丝

(1) 机器的组成及操作时的安全注意事项。

① 机器的组成：电动套丝机可进行管子的切断、套丝和扩口等操作。图 4-7 是“EMERSON”牌 RT-2 型电动套丝机的结构图。需要说明的是，不同厂家、不同规格的机器在结构和外观上会略有不同，但主要的功能是一样的。

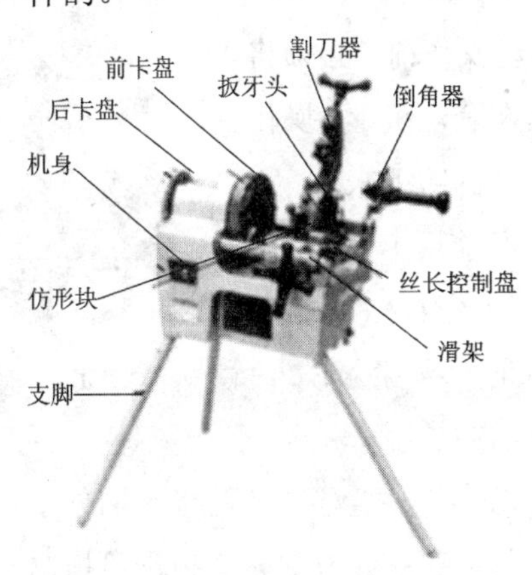

图 4-7　电动套丝机结构

② 操作时的安全注意事项：

● 机器必须安放稳固，以确保不会翻倒伤人。

● 必须使用有接地的三芯电源插座和插头，现场电源与机器标牌上指明的电源应一致；维修机器时应断开电源。

● 每天开机前应先检查油箱中的润滑油是否足够，并用油壶给机身上的两个油孔注入 3～4 滴机油以润滑主轴。

● 严禁戴手套操作机器，头发长的操作者应戴上工作帽，操作时避免穿太宽松的衣服。

● 不可在潮湿的环境或雨中作业。

(2) 操作方法。

① 管子的装夹和拆卸方法如图 4-8 所示。在进行切断、扩口、套丝操作前，必须将管子先夹紧在套丝机上，操作完毕再把管子拆卸下来。

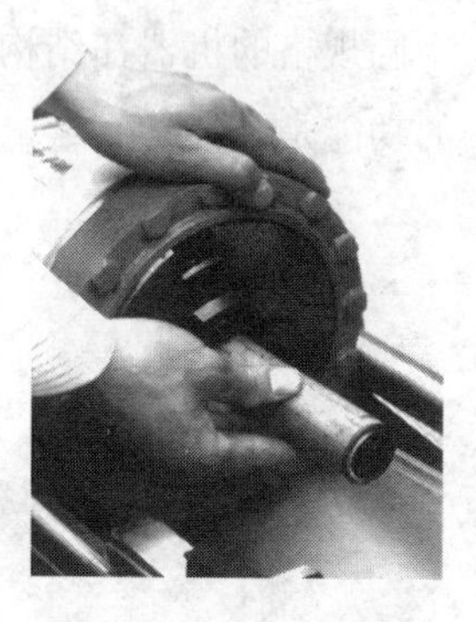

图 4-8 装拆管子

● 松开前后卡盘，从后卡盘一端将管子穿入(管子较短时也可从前卡盘穿入)，使管子伸出适当的长度。

● 用右手抓住管子，使管子大约处于三个卡爪的中心，用左手朝身体方向转动捶击盘捶击直至将管子夹紧(也可在夹住管子后换用右手转动捶击盘将管子夹紧)，若管子较长还需旋紧后卡盘。

● 拆卸管子时，朝相反方向转动捶击盘和后夹盘。

② 切断方法如图 4-9 所示。

图 4-9　管子的切断

● 若扳牙头、倒角器、割刀器不在空闲位置，则将它们扳起至空闲位置。

● 按前述方法将管子夹紧在卡盘上。

● 放下割刀器，用手拉动割刀器手柄使管子位于割刀与滚子之间。若割刀器开度太小，则转动割刀器手柄增大其开度。

● 转动滑架手轮移动割刀器，使割刀刃对准需切断的位置，并转动割刀器手柄使割刀与管子接触。

● 启动机器，用双手同时转动割刀器手柄使割刀切入管子直至切断，但转动割刀器手柄的力不能过猛，否则将会造成割刀崩刃和管子变形。

● 完成切断后，反方向转动割刀器手柄增大其开度，并将割刀器扳至空闲位置。若无需进行其他操作，则关闭机器，拆下管子。

③ 一般情况下，管子切断后接着对管口进行倒角扩口，如图 4-10 所示。管端扩口操作方法如下：

● 扳下倒角器至工作位置，将倒角杆推向管口，转动倒角杆手柄使其上的销子卡进槽内。

● 启动机器，转动滑架手轮将倒角器的刃口压向管口，将管口内因切断时受挤压缩小的部分切去并倒出一小角。

● 完成倒角后，转动滑架手轮使倒角器的刃口离开管口，转动倒角杆手柄使其上的销子从槽内退出，同时拉出倒角杆，将倒角器扳起至空闲位置，接着进行套丝(或停机)。

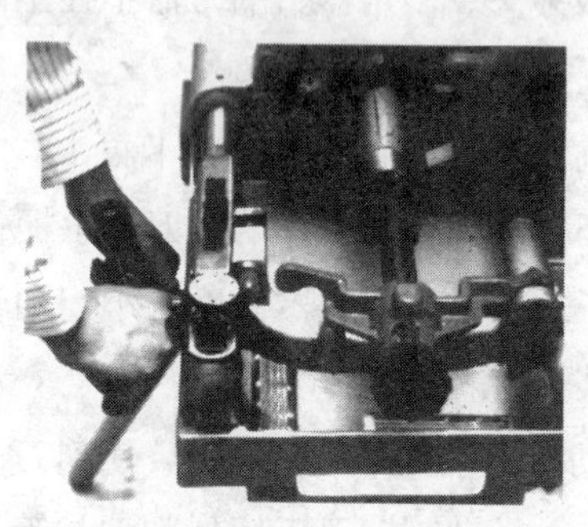

图 4-10　管端扩口操作

④ 套丝操作方法如图 4-11 所示。

● 检查扳牙头上所装的扳牙及所调的位置是否与管子大小相符，丝长控制盘的刻度是否与管子大小相对应，否则应先调整好。

● 放下扳牙头使滚子与仿形块接触。

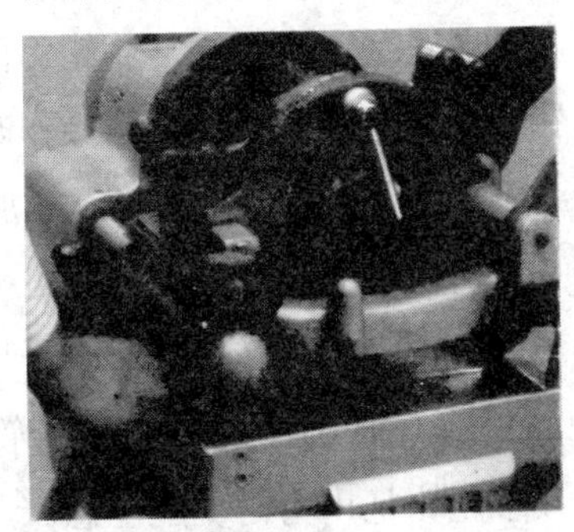

图 4-11　套丝操作

● 启动机器，转动滑架手轮将扳牙头压向管口直至扳牙头在管子上套出 2～3 扣螺纹后松手，此时机器自动套丝。当扳牙头的滚子超过仿形块时，扳牙头会自动落下而张开扳牙，结束套丝。

● 停机，退回滑架直至整个扳牙头全部退出管子，然后一手拉出扳牙头锁紧销，一手扳起扳牙头至空闲位置。

4. 管道的螺纹连接

1) 常用工具

管道螺纹连接时常用的工具是管钳(俗称水管钳)、链钳、活动扳手、呆扳手等。

(1) 管钳(如图 4-12 所示)。管钳的规格是以钳头张口中心到钳把尾端的长度来标称的，选用管钳时可参考表 4-5。若用大规格的管钳拧紧小口径的管子，虽然因钳把长而省力，但也容易因用力过大拧得过紧而胀破管件或阀门；反之，若用小管钳去拧紧大管子则费力且不易拧紧，而且容易损坏管钳。由于钳口上的齿是斜向钳口的，因而拧紧和拧松操作时钳口的卡进方向是不同的，使用时卡进方向应与加力方向一致。为保证加力时钳口不打滑，使用时可一手按住钳头，另一手施力于钳把，扳转钳把时要平稳，不可用力过猛或用整个身体加力于钳把，防止管钳滑脱伤人，特别是双手压钳把用力时更应注意。

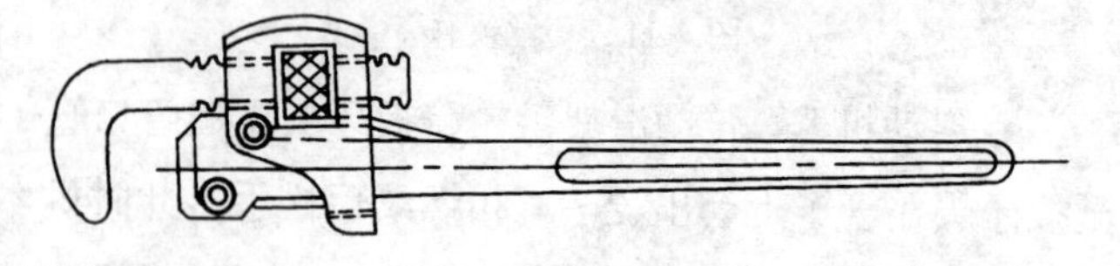

图 4-12 管钳

表 4-5 管钳选用参照表

管钳规格	钳口宽度/mm	适用管子范围
200	25	*DN* 3～15
250	30	*DN* 3～20
300	40	*DN* 15～25
350	45	*DN* 20～32
450	60	*DN* 32～50
600	75	*DN* 40～80
900	85	*DN* 65～100
1025	100	*DN* 80～125

(2) 链钳(如图 4-13 所示)。链钳主要用于大口径

管子的连接，当施工场地受限用张开式管钳旋转不开(如在地沟中操作或所安装的管子离墙面较近)时也使用链钳。高空作业时采用链钳较安全且便于操作。

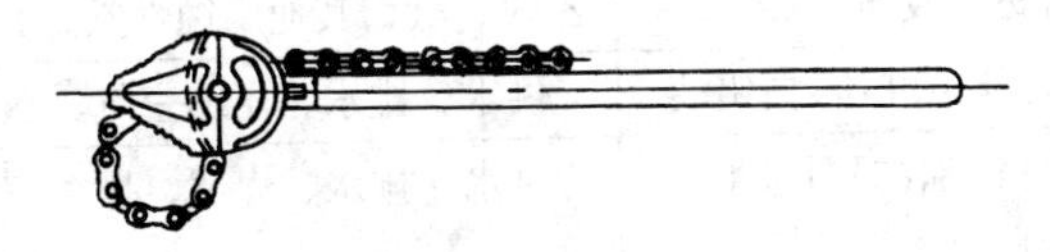

图 4-13　链钳

链钳的使用方法是：把链条穿过管子并箍紧管子后卡在链钳另一侧，转动手柄使管子转动即可拧紧或松开管子的连接。链钳的规格及适用管径见表 4-6。

表 4-6　链钳规格表

链钳规格	适用管径
350	*DN*25～32
450	*DN*32～50
600	*DN*50～80
900	*DN*80～125
1200	*DN*100～200

(3) 扳手。扳手用于装拆带方头的管件(如内接、堵头等)，常用的是活动扳手和呆扳手。

2) 常用填料

螺纹连接的两连接面间一般要加填充材料。填充材料有两个作用：一是填充螺纹间的空隙以增加管螺纹接口的严密性；二是保护螺纹表面不被腐蚀。常用的填料及其用途参见表 4-7。

表 4-7　常用的填料及其用途

填料种类	适用介质
聚四氟乙烯生料带(俗称水胶布)	供水、煤气、压缩空气、氧气、乙炔、氨、其他腐蚀性常温介质
麻丝，麻丝+白铅油	供水、排水、压缩空气、蒸汽
白铅油(铅丹粉拌干性油)	供水、排水、煤气、压缩空气
一氧化铅、甘油调和剂	煤气、压缩空气、乙炔、氨
一氧化铅、蒸馏水调和剂	氧气

3) 连接步骤

(1) 缠绕(或涂抹)填料：连接前清除外螺纹管端上的污染物、铁屑等，根据输送的介质、施工成本选择合适的填料。当选用水胶布或麻丝时，应注意缠绕的方向必须与管子(或内螺纹)的拧入方向相反(或人对着管口时顺时针方向)；缠绕量要适中，过少起不了密封作用，过多则造成浪费；缠绕前在螺纹上涂上一层铅油可以较好地保护螺纹不锈蚀。

(2) 缠绕(或涂抹)填料后，先用手将管子(或管件、阀门等)拧入连接件中 2～3 圈，再用管钳等工具拧紧。如果是三通、弯头、直通之类的管件，拧劲可稍大，但阀门等控制件拧劲不可过大，否则极易使其胀裂。连接好的部位一般不要回退，否则容易引起渗漏。

4.2 镀锌管的沟槽连接

镀锌钢管的丝接、法兰连接都会破坏钢管的镀锌层，减少钢管的使用寿命，焊接法兰连接又需要二次镀锌，不容易实现。为克服这一缺点，一种有效保护钢管镀锌层的管道连接方式正在被人们逐渐认识、利用和推广，这种连接方式就是卡箍式连接(又称沟槽式连接)，如图 4-14。这种连接方式可用于连接钢管、铜管、不锈钢管、铝塑复合管、内涂塑钢管、球墨铸铁管、无缝钢管、厚壁塑料管及带有钢性接头的软管。本书只以镀锌管为例，说明沟槽连接的施工方法，其他管材沟槽连接方法请读者参照操作。

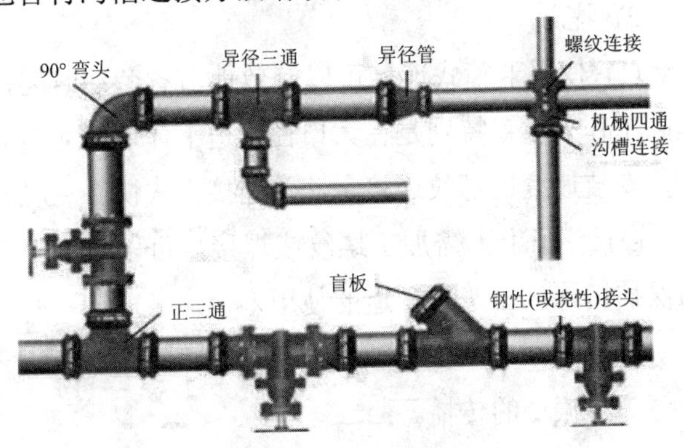

图 4-14 管道的沟槽连接

1. 沟槽连接的结构及特点

1) 结构

沟槽连接是用压力响应式密封圈套入两连接管

子(或管件)端部，两片卡箍包裹密封圈并卡入沟槽，紧固螺栓、螺母实现管子与管子(或管件)的密封连接。其结构如图 4-15 所示。

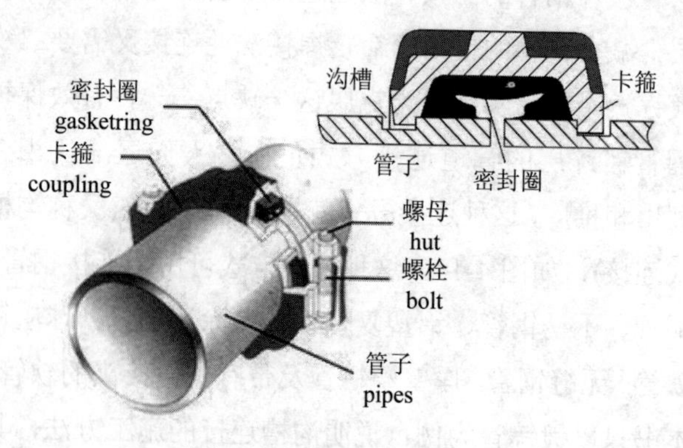

图 4-15　沟槽连接的结构

2) 特点

(1) 使用卡箍式连接可以有效地节省劳动时间，提高工作效率；特别是在大口径管道上体现得尤为明显，安装速度比螺纹连接、法兰连接方式快 2～3 倍。

(2) 管子上无需加工螺纹或焊接，可以最大限度的保护镀锌层，延长管道的使用寿命。

(3) 隔振。沟槽式管接头中间橡胶圈可阻断噪音，并可防止振动的传播。

(4) 管卡分柔性和刚性两种。柔性管卡连接方式两管端之间留有间隙可适应管道的膨胀、收缩，使系统具有柔性，允许钢管有一定的角度偏差、相对错位；管卡在最大允许偏转错位情况下，管道能保持正常工作压力。刚性管卡连接方式使系统不具柔性，管卡卡紧后可与钢管形成刚性一体，在吊具跨度较大时，使管道依靠自身刚性连接支撑。

(5) 使用广泛。合理选用管接头，可与(除不带刚性接头的软管外)任何管道连接，特别对防腐管道能起到保护作用。

2. 管子的切断

沟槽连接管子的切口应平整，切口端面与钢管轴线应垂直。切口处若有毛刺，应用砂纸、锉刀或砂轮机打磨。切割的方法有很多，小管子可以用手动割管刀切割，也可用电动套丝机的切管刀进行断管，大管子可用专用切管机切割；这些方法其优势在于管道的端面垂直平整，毛刺很少。而砂轮切割机断管时，易造成管道断面错位、毛刺多等缺陷，一般不采用。

手动割管刀、电动套丝机的操作方法已在前面讲述，此处重点介绍专用切管机(图 4-16)的操作。

图 4-16　液压切管机

(1) 将待切管子架在切管机两支撑轮和支架上，调整支架的高度和左右位置，使管子与与切管机支撑轮上下、左右贴合良好，如图 4-17 所示。

图 4-17　管子位置调整

(2) 摇动千斤顶摇杆，使切刀接近管子表面，移动管子，使切刀对准管子的切割线。

(3) 继续摇动千斤顶摇杆，使切刀逐步切入管子直至切断；切管过程中应控制好切刀对管子的压力，以断口处稍有锥形收口为好；若出现断口处管口不圆，则应减小压力。

3. 管子沟槽加工

钢管连接前须用专用滚槽机或车槽机在钢管周圈上开出标准深度的凹槽。镀锌钢管可用滚槽方式在钢管上滚压出凹槽，厚壁钢管可用车槽方式开槽。

1) 滚槽机操作

滚槽机的生产厂家较多，结构也有所不同。图 4-18 所示是青羊牌滚槽机，图中槽深调节螺母用于调整管子压槽的深度，自上往下看，顺时针旋转螺母管子的槽深变浅，反之变深。

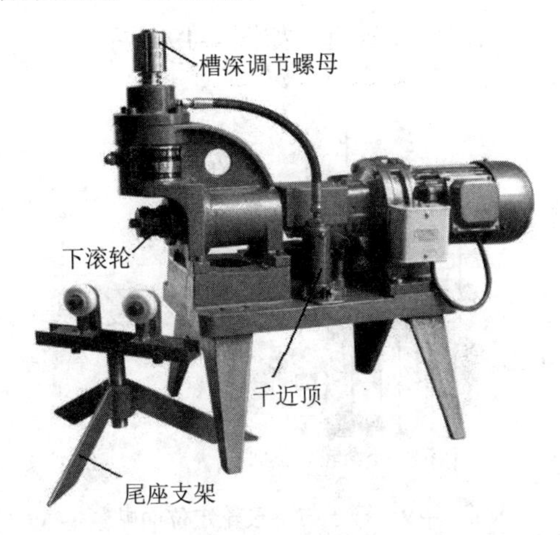

图 4-18　青羊牌滚槽机

2) 沟槽加工步骤

(1) 调整滚槽机，根据管子公称直径装好下滚轮(见表 4-8)；粗调槽深。

表 4-8　上、下滚轮尺寸选择

管子公称直径	80	100～125	150	200	250～300
上滚轮	Φ97	Φ97	Φ97	Φ97	Φ97
下滚轮	Φ60	Φ88	Φ138	Φ180	Φ203

(2) 选取符合设计要求的管材，管材的端口无毛刺且光滑，壁厚均匀，镀锌层无剥落，管材无明显缺陷。

(3) 将需要加工沟槽的钢管架设在滚槽机下滚轮和尾架上。调整尾座支架的高度和左右位置，使钢管端面与滚槽机下滚轮定位面贴紧，此时钢管轴线与滚槽机下滚轮定位面垂直。如图 4-19 所示。

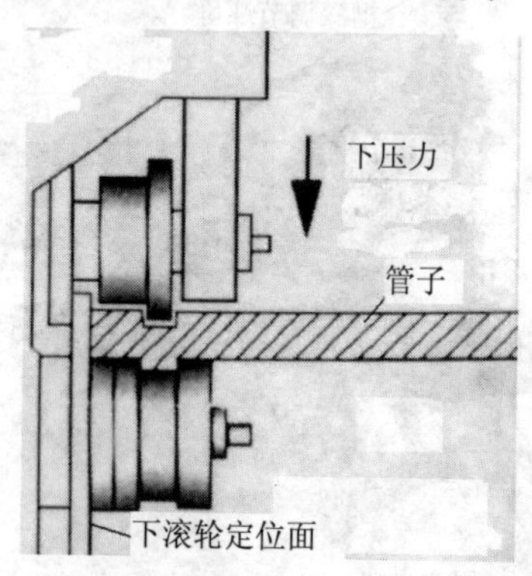

图 4-19　管子与下滚轮定位面贴紧

(4) 启动机器，一人摇动千斤顶压杆，使上滚轮接触管子表面并观察调整滚槽机处管道的转动，若管子相对于下滚轮定位面向外移动，则用手施加一个向里的推力；另一人在滚槽机尾座支架上观察、调整管道的位置。

(5) 徐徐压下千斤顶，使滚槽机上滚轮均匀滚压钢管。滚槽时千斤顶压下的速度不能太快，滚槽时间可参考表 4-9。

表 4-9　滚槽时间参考表

公称直径	50	65	80	100	125	150	200	250	300
时间/min	2	2	2.5	2.5	3	3	4	5	6

(6) 停机，将千斤顶卸去荷载，用游标卡尺检查沟槽深度和宽度(如图 4-20)，使之符合沟槽规定尺寸(参照表 4-10)，取出钢管。若沟槽的深度、宽度尺寸不符合要求，调整螺母，重复步骤(4)、(5)。

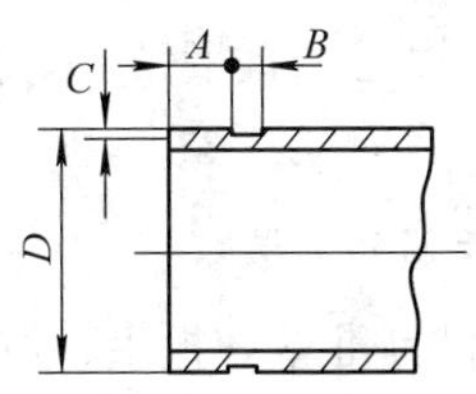

图 4-20　管端沟槽

表 4-10　管端沟槽各部分尺寸

<table>
<tr><th>公称直径</th><th>钢管外径</th><th>$A_{-0.5}^{0}$</th><th>$B_{-0.5}^{0}$</th><th>$C_{0}^{+0.5}$</th></tr>
<tr><td>20</td><td>27</td><td rowspan="3">14</td><td rowspan="3">8</td><td>1.5</td></tr>
<tr><td>25</td><td>32</td><td rowspan="2">1.8</td></tr>
<tr><td>32</td><td>42</td></tr>
<tr><td>40</td><td>48</td><td rowspan="5">14.5</td><td rowspan="12">9.5</td><td rowspan="12">2.2</td></tr>
<tr><td>50</td><td>57</td></tr>
<tr><td>50</td><td>60</td></tr>
<tr><td>65</td><td>76</td></tr>
<tr><td>80</td><td>89</td></tr>
<tr><td>100</td><td>108</td><td rowspan="7">16</td></tr>
<tr><td>100</td><td>114</td></tr>
<tr><td>125</td><td>133</td></tr>
<tr><td>125</td><td>140</td></tr>
<tr><td>150</td><td>159</td></tr>
<tr><td>150</td><td>165</td></tr>
<tr><td>150</td><td>168</td></tr>
<tr><td>200</td><td>219</td><td rowspan="3">19</td><td rowspan="3">13</td><td rowspan="2">2.5</td></tr>
<tr><td>250</td><td>273</td></tr>
<tr><td>300</td><td>325</td><td>3.3</td></tr>
</table>

4. 安装步骤及注意事项

一般来说，管子与管子或管件的连接采用卡箍连接；当管子需要接出分支管路时，由于用三通管件分支成本较高(需要用一个三通、两个卡箍)，通常采用在管道上直接钻孔，然后安装一个机械三通加以解决。

1) 卡箍的安装

(1) 机具准备：扳手、游标卡尺、水平仪、润滑剂(无特殊要求时可用肥皂水或洗洁精兑水替代)、木榔头、砂纸、锉刀、砂轮机(大口径管道)、梯子或脚手架等。

(2) 现场材料验收：镀锌钢管的管壁厚度、椭圆度等允许偏差应符合国家标准。卡箍连接件规格数量符合要求，无明显的损伤等缺陷并应附有质量证明材料。

(3) 清除管端毛刺以及管内杂物，如图4-21所示。

(4) 在管端外侧和密封圈内侧涂刷润滑剂；如图4-22所示。

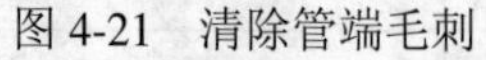

图4-21　清除管端毛刺　　图4-22　涂刷润滑剂

(5) 将密封圈套入管件(两根管子相连时任意套

入其中一根管端)，使橡胶密封圈位于接口中间部位。

(6) 用双手大拇指和食指支撑密封圈，先稍微倾斜一个角度，使密封圈进入管端，再一边作小角度的顺时针旋转一边调整管件将密封圈推入管端。

(7) 在密封圈外侧涂刷润滑剂。

(8) 卡入两片卡箍，并将卡箍凸边卡进沟槽内。在卡箍螺栓位置穿上螺栓，并均匀拧紧两侧螺母，防止橡胶密封圈起皱，如图 4-23 所示。

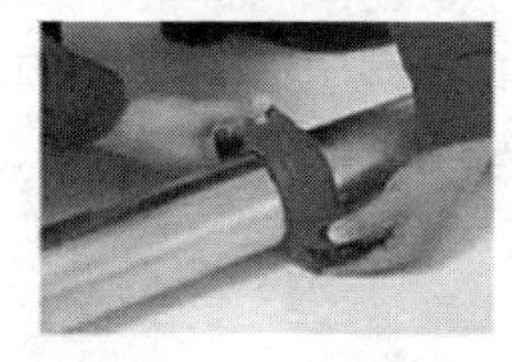
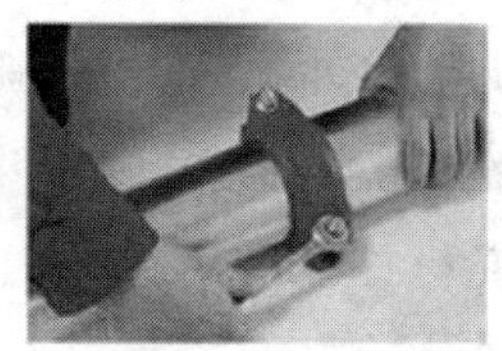

图 4-23　卡入卡箍

(9) 检查确认卡箍凸边全圆周卡进沟槽内。

2) 钢管开孔及机械三通、机械四通的安装

(1) 钢管开孔。安装机械三通、机械四通的钢管应在接头支管部位用开孔机开孔，如图 4-24 所示。

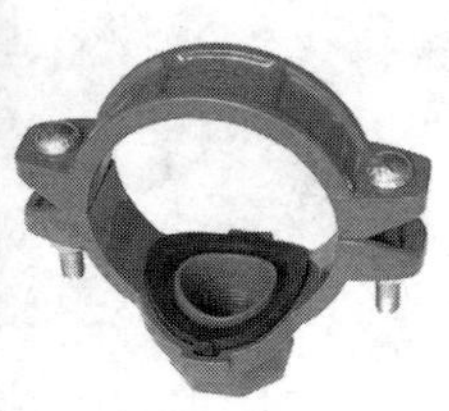

图 4-24　安装机械三通

(a) 用链条将开孔机固定于钢管预定开孔位置处(注意：开孔位置不得位于管道焊缝上)。

(b) 选取合适的钻头安装在开孔机钻夹头上。

(c) 启动电机转动钻头。

(d) 转动手柄使钻头缓慢向下钻削，钻削过程中在钻头与钢管接触处添加适量润滑剂(如乳化液、机油等)以保护钻头，完成钻头在钢管上开孔。

(e) 开孔时要均匀施力，严禁戴手套操作，开孔后将孔边缘外 10 mm 范围内清理干净(包括毛刺、铁屑、铁锈、油污等)。孔洞若有毛刺，需用砂纸、锉刀或砂轮机打磨光滑。

(2) 安装方法。

(a) 检查机械三通垫圈是否破损(若破损一定要及时更换)、三通内的螺纹有无断丝、缺丝等不合要求之处。

(b) 在密封圈上涂刷润滑剂(如洗洁精水，严禁用油类)，并将密封圈装入机械三(四)通，如图 4-25 所示。

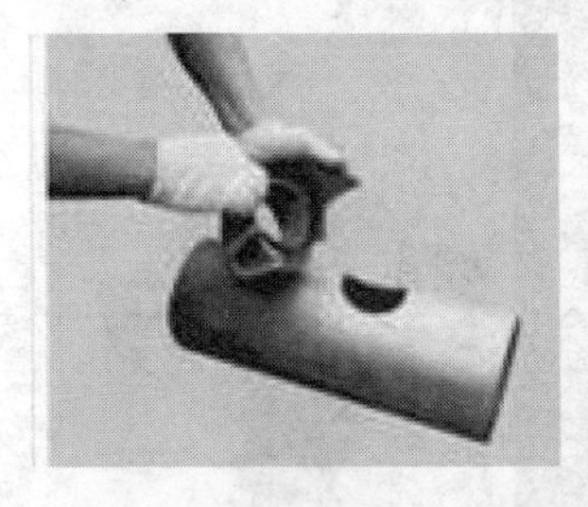

图 4-25

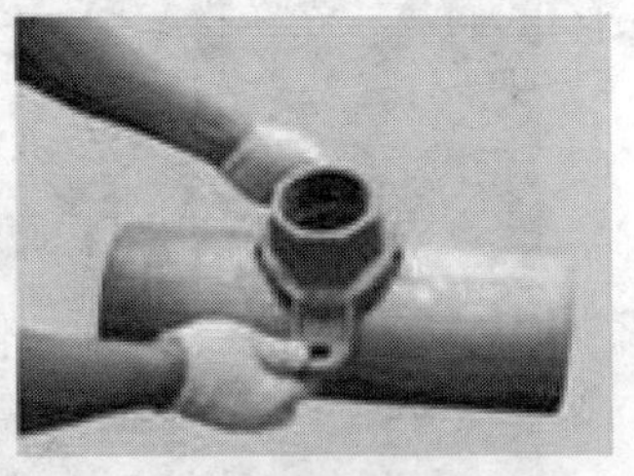

图 4-26

(c) 将机械三(四)通卡入孔洞，配套卡箍置于钢管孔洞下方，注意机械三通、橡胶密封圈与孔洞中心位置对正，如图 4-26 所示。

(d) 用扳手拧紧两边螺栓，确认卡箍件的弧形完全嵌入外壳的凹槽，分 2~3 次均匀拧紧两侧螺母，直到外壳表面和垫圈套接触严密，如图 4-27 所示。

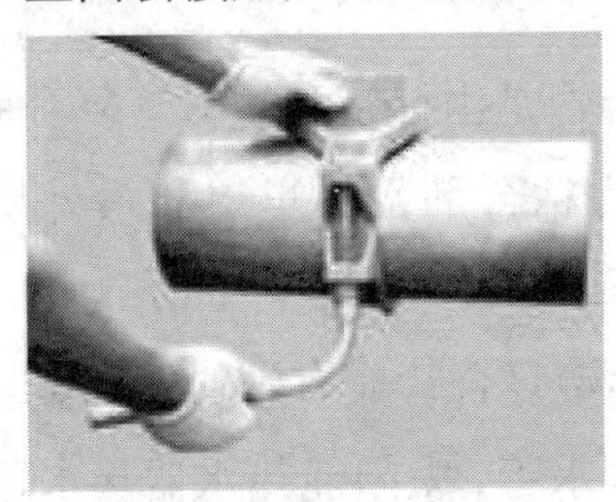

图 4-27

第 5 章　铝塑复合管的安装

铝塑复合管是由铝管和塑料管复合而成的，在塑料和铝层间为粘合剂；最里层和最外层均为聚乙烯(PE 或 PEX)或 PPR 塑料，中间层为铝，其结构如图 5-1 所示。铝塑复合管兼有塑料管和金属管的优点，主要用于自来水管、太阳能热水器热水输送、燃气管、压缩空气管、氧气管、化工管道，以及食品、饮料、医药等工业和农业用管。

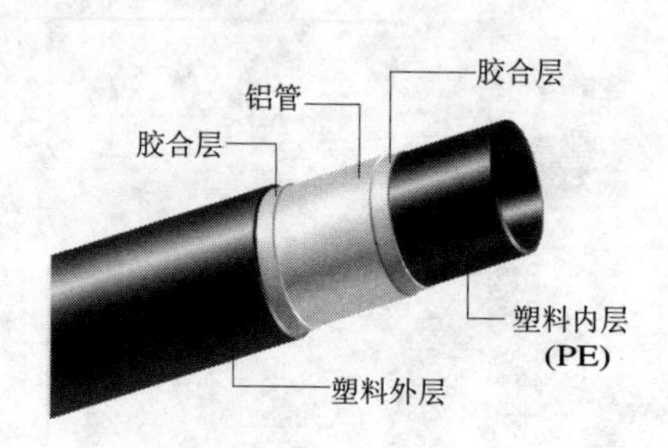

图 5-1　铝塑复合管

1. 铝塑复合管的特点

铝塑复合管具有以下特点：

(1) 耐腐蚀，可抵御强酸、强碱等大多数强腐蚀性液体的腐蚀。

(2) 流阻小，内壁光滑、不结垢，比相同内径的镀锌管的流量大 25%～30%。

(3) 密度小，约为钢管质量的 1/7。

(4) 安装简便，管子较长，易弯曲且弯曲后不回弹，接头少，不必套丝，切割、连接很容易。

(5) 接头的密封可靠性较熔接接头差。

2. 铝塑复合管的安装

铝塑复合管的连接方式有螺纹压接(图 5-2)、薄壁套压接(图 5-3)和热熔连接三种；本章将介绍螺纹压接连接和薄壁套压接。热熔连接的操作方法请参看本书第七章。

图 5-2

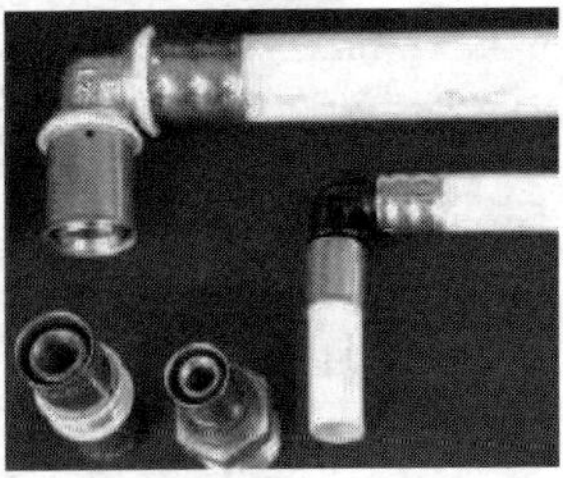

图 5-3

1) 螺纹压接连接

螺纹压接常用管件形式如图 5-4 所示。螺纹压接是螺帽拧入接头本体而使“C”形环收缩变形，从而压紧管子与接头的一种管道连接的方法，图 5-5 所示为接头的连接形式。

图 5-4 螺纹连接的常用管件形式

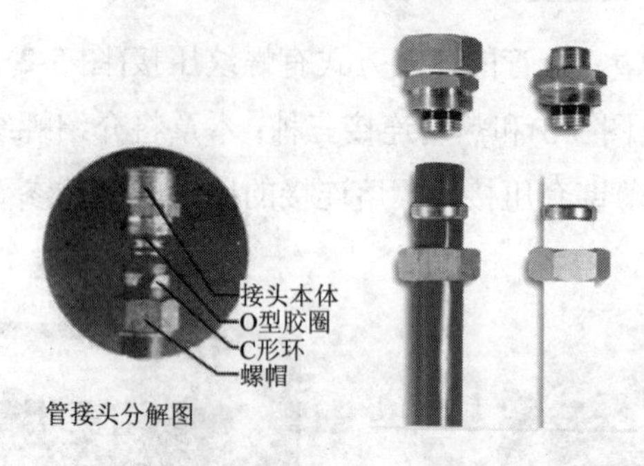

图 5-5 接头的连接形式

接头连接的步骤如下：

(1) 用专用塑料管剪刀剪取所需的管子长度，如图 5-6 所示，要求剪切口平齐并与管子中心线垂直。为减少管子的变形，剪切开始至切开一半时可上下摆动剪刀。

(2) 用整圆器把管子两端口整圆，如图 5-7 所示。

(3) 将管子移至安装位置，将螺母和 C 形铜环套入连接端，将接头本体插入管内，如图 5-8 所示。插入前注意检查接头本体上的胶环是否完好。

图 5-6　剪管操作

图 5-7　管口整圆

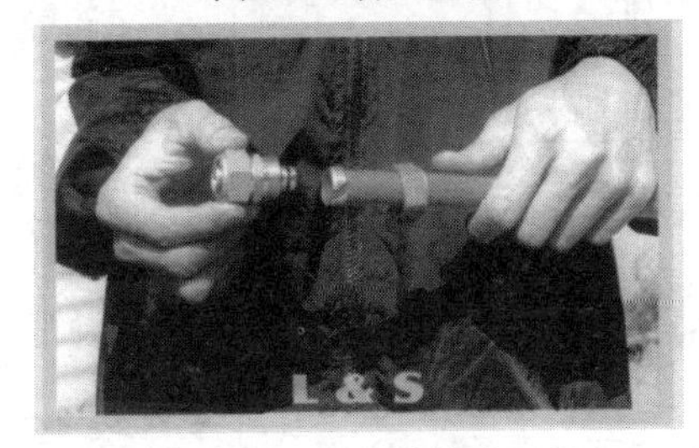

图 5-8　安装接头

(4) 根据安装位置的需要，可直接对铝塑复合管进行弯曲，如图 5-9 所示。一般允许弯曲半径为管子内径的 5 倍。若在管内插入外径与管子内径相同的软弹簧，则弯曲半径可更小。

(5) 用扳手紧固接头，如图 5-10 所示。

图 5-9　弯曲管子

图 5-10　紧固接头

2) 薄壁套压接

薄壁套压接是利用压接工具将薄壁套和管子同时压变形，达到密封和连接的管道连接方式，如图 5-11 所示。

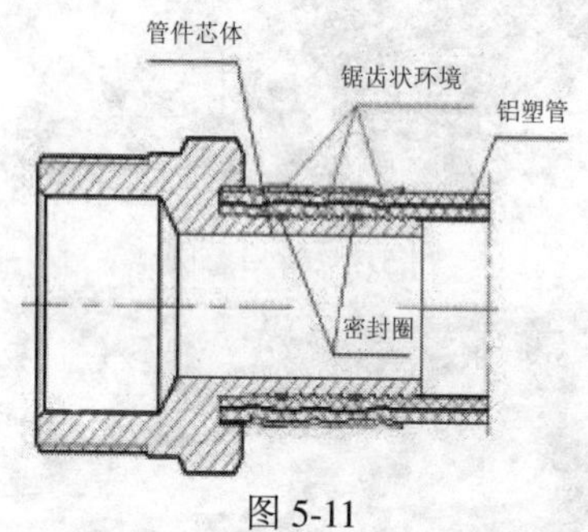

图 5-11

压接工具有手动、电动、液压等多种形式，如图 5-12、5-13、5-14 所示。

图 5-12　手动压钳　　图 5-13　电动压钳

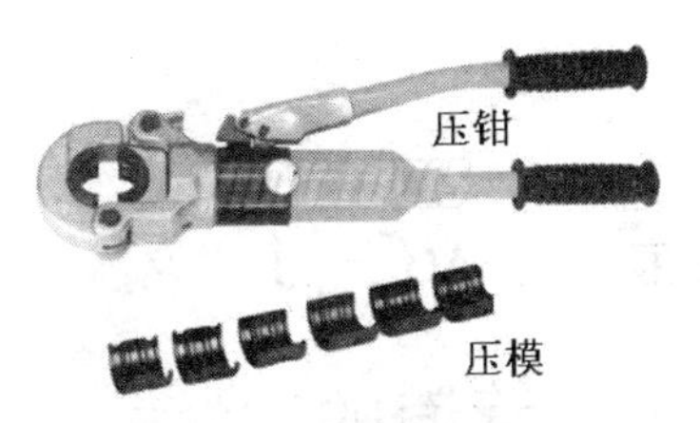

图 5-14　液压压钳

连接步骤为：

(1) 将与管子外径相符的压模装入压钳。

(2) 管子切断：小管子可剪切，大管子可用机械切割；若管口变形，需用整圆器整圆。

(3) 将薄壁套套入管子，然后将管子套入接头内，如图 5-15 所示。

(4) 用压钳压紧，如图 5-16 所示。

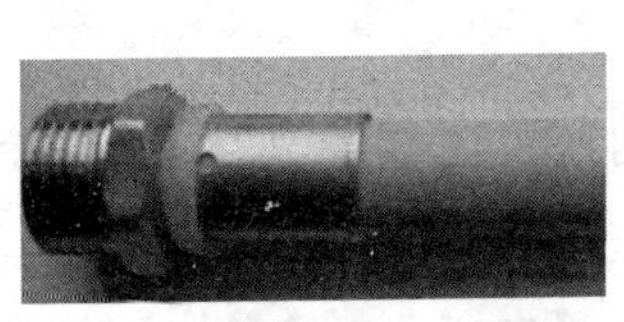

图 5-15

图 5-16

(5) 检查：压接后薄壁套的压痕应均匀，若有没压到的地方，可重新压紧，如图 5-17 所示。

图 5-17

第 6 章　PVC-U、ABS 塑料管道的安装

1. 塑料管和管件的验收

管材和管件应具有质量检验部门的质量合格证，并应有明显的标志表明生产厂家和规格，包装上应标有批号、生产日期和检验代号。

管材和管件的外观质量应符合下列规定：

(1) 管材与管件的颜色应一致，无色泽不均及分解变色线。

(2) 管材和管件的内外壁应光滑、平整，无气泡、裂口、裂纹、脱皮和严重的冷斑及明显的痕纹、凹陷。

(3) 管材轴向不得有异向弯曲，管材切口必须平整并垂直于管轴线。

(4) 管件应完整，无缺损、变形；合模缝、浇口应平整，无开裂。

(5) 管材在同一截面内的壁厚偏差不得超过 14%，管件的壁厚不得小于相应管材的壁厚。

(6) 管材和管件的承插粘接面必须表面平整、尺寸准确。

(7) 粘合剂不得有分层现象和析出物，不得有团块、不溶颗粒和其他影响粘接强度的杂质。供水管道系统不得采用有毒的粘合剂。

2. 塑料管和管件的存放

管材应按不同的规格分别堆放。*DN*25 以下的管子可进行捆扎，每捆长度应一致，且重量不宜超过 50 kg。管件应按不同品种、规格分别装箱。

搬运管材和管件时，应小心轻放，严禁剧烈撞击、与尖锐物品碰撞、抛摔滚拖。管材和管件应存放在通风良好且温度不超过 40℃的库房或简易棚内，不得露天存放，应距离热源 1 m 以上。

管材应水平堆放在平整的支垫物上，支垫物的宽度不应小于 75 mm，间距不大于 1 m，管子两端外悬不超过 0.5 m，堆放高度不得超过 1.5 m。管件逐层码放，不得叠置过高。

胶粘剂等易燃易爆品应存放在阴凉干燥的危险品仓库中，严禁明火。

3. 管道施工的一般规定

管道安装工程施工前，应具备以下条件：

(1) 设计图纸及其他技术文件齐全，并已经会审通过。

(2) 按批准的施工方案或施工组织设计，已进行技术交底。

(3) 材料、施工力量、机具等能保证正常施工。

(4) 施工场地及施工用水、用电、材料、储放场地等临时设施能满足施工需求。

管道安装前，应了解建筑物的结构，熟悉设计图纸、施工方案及其他工种的配合措施。管道系统安装前，应检查材料的质量，清除管材和管件内外的污垢和杂物。管道系统安装间断或完毕的敞口处应随时封堵，以防杂物进入管内。

管道穿墙、楼板及嵌墙暗敷时，应配合土建预留孔槽；若设计无规定，可按下列要求施工：

(1) 预留孔洞尺寸宜较管子外径大 50～100 mm。

(2) 嵌墙暗管墙槽尺寸宽度比管子外径大 60 mm，深度为管子外径加 30 mm。

(3) 架空管顶上部净空不宜小于 100 mm。

管道穿过地下室或地下构筑物的外墙时，应采取严格的防水措施。

管道系统的横管宜有 2‰～5‰的坡度坡向泄水装置。

管道系统的坐标、标高的允许偏差应符合表 6-1 的要求。

水平横管纵、横方向的弯曲，立管垂直度，平行管道和成排阀门的安装应符合表 6-2 的规定。

表 6-1　管道系统的坐标、标高的允许偏差

项　目			允许偏差/mm
坐标	室外	埋地	50
		架空或地沟	20
	室内	埋地	15
		架空或地沟	10
标高	室外	埋地	±15
		架空或地沟	±10
	室内	埋地	±10
		架空或地沟	±5

表 6-2　水平横管安装的相关规定

项　　目		允许偏差/mm
水平管道纵、横方向的弯曲	每米	5
	每 10 米	≤10
	室外架空、埋地每 10 米	≤15
立管垂直度	每米	3.0
	高度超过 5 米	≤10
	10 米以上每 10 米	≤10
平行管道和成排阀门	在同一直线上间距	3

饮用水管道在使用前应采用每升水中含 20～30 mg 游离氯的清水灌满管道进行消毒，含氯水在管中静置 24 小时以上。消毒后再用饮用水冲洗管道，并经卫生部门取样检验符合国家《生活饮用水卫生标准》后方可使用。

4. 塑料管道的粘接

粘接连接适用于管外径小于 160 mm 的塑料管道的连接。PVC-U 管、ABS 管的连接可采用粘接连接的方法，粘接时必须根据管子、管件的材料以及管道的用途选用相应的粘合剂，粘合剂在出售管材的商店即可购得。

管道粘接不宜在湿度大于 80%、温度-20℃以下的环境中进行，操作场所应通风良好并远离火源 20 m 以上，操作者应戴好口罩、手套等必要的防护用品。当施工现场与材料的存放处温差较大时，应于安装前将管材和管件在现场放置一定时间，使其温度接近施工现场的环境温度。

1) PVC-U、ABS 常用管件

常用 PVC-U、ABS 管件如图 6-1 所示。

2) 粘接步骤

塑料管道的粘接步骤如图 6-2 所示，其一般顺序为：检查管材、管件→切断→清理→做标记→涂胶→插接→静置固化。

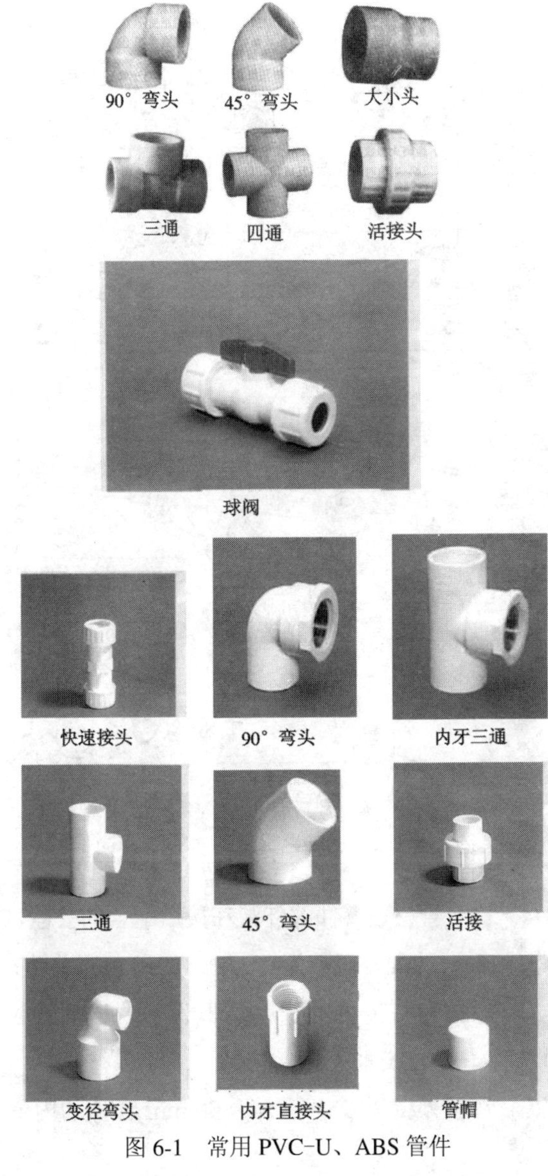

图 6-1 常用 PVC-U、ABS 管件

1. 以钢锯(或塑管剪刀)切割管材

2. 以锉刀削除管内外的锯痕

3. 在管材表面按管件插入深度画记号线

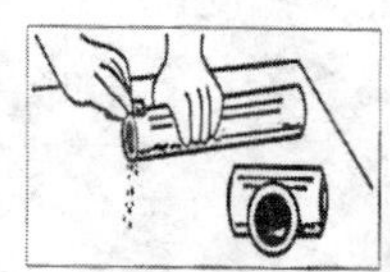

4. 用砂纸轻磨管件外壁接合面

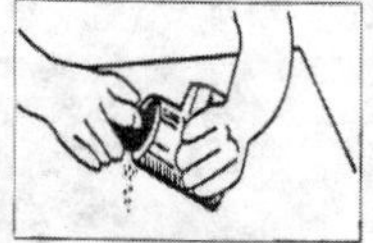

5. 用砂纸轻磨管件内壁接合面

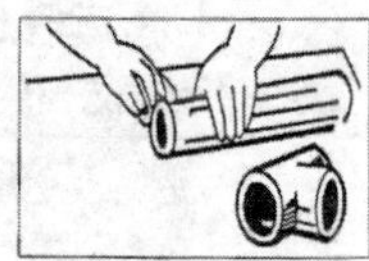

6. 用干净的布清洁管子和管件的接合面

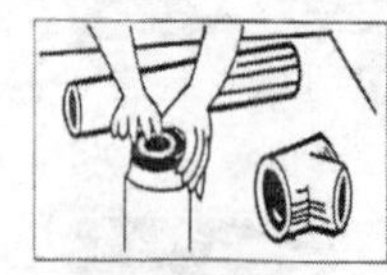

7. 开启粘合剂

8. 用刷子将粘合剂均匀涂布于管子接合面，一般涂刷两次，涂刷速度要快，以免粘合剂干掉

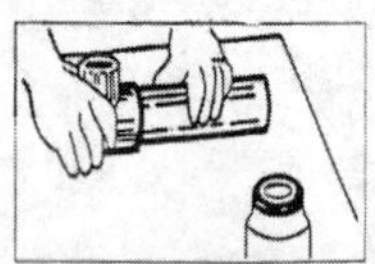

9. 将管子插入管件中，稍微转一角度(约15°)，保持10秒至1分钟时间使其固着(时间依管径大小而定)

10. 清除多余粘合剂

11. 关闭粘合剂盖子，以免挥发干涸

12. 用溶剂清洗刷子

图 6-2　塑料管道粘接施工步骤示意图

(1) 检查管材、管件的外观和接口配合的公差，要求承口与插口的配合间隙为0.005～0.010 mm(单边)。

(2) 用割刀按需要的长度切下管子，切割时应使断面与管子中心线垂直。

(3) 管子外壁以及内径大于50 mm管件的内壁粘

接部位用 0#砂纸打磨，适当使表面粗糙些；用干布等清除待粘接表面的水、尘埃、油脂、清洁剂和增塑剂、脱模剂等影响粘接质量的物质。

(4) 在管子外表面按规定的插入深度做好标记。

(5) 用毛刷涂抹粘合剂，毛刷的宽度约为承口内径的 1/2～1/3。必须先涂承口再涂插口，涂抹承口时应由里向外(ϕ25 mm 以下的管子可不涂承口只涂插口)。粘合剂应涂抹均匀、适量。涂抹后应在 10 s 内完成粘接，否则，若涂抹的粘合剂出现干涸，则必须清除掉干涸的粘合剂后再重新涂抹。

(6) 将插口快速插入承口直至所做的标记处。插接过程中应稍作旋转，粘接完毕即刻用布将接合处多余的粘合剂擦拭干净。

粘接好的接头应避免受力，需静置固化一定时间，待接头牢固后方可继续安装。静置固化时间可参考表 6-3。

表 6-3 静置固化时间参考表

环境温度/℃	>10	0～10	<0
固化时间/min	2	5	15

在低温(零度以下)情况下进行粘接操作时，应采取措施使粘合剂不冻结，但不得采用明火或电炉等加热装置加热粘合剂。

如果需要在现有管道上插接新的管路，可用如图 6-3 所示的方法施工。此外，若管路意外破裂，也可按此法修补。

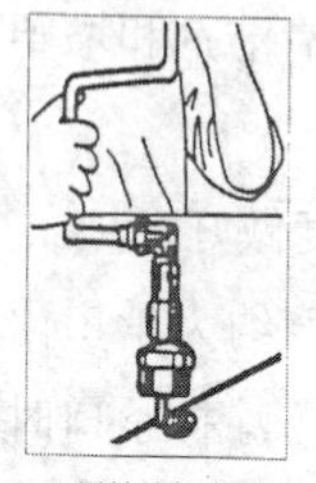

1. 用钻孔机在分支管接出位置的管材上开孔

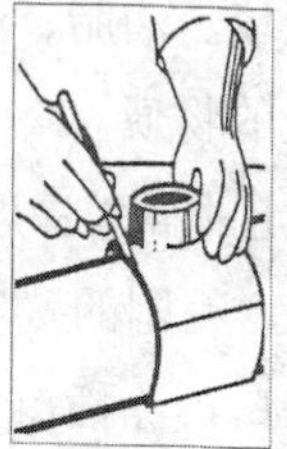

2. 将鞍座(或修补管材)置于开孔处并画上记号

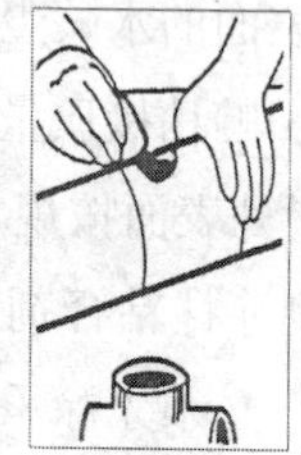

3. 用砂纸轻磨管子接合面

4. 用溶剂清洁管子接合面

5. 用刷子涂布胶合剂于管子接合面

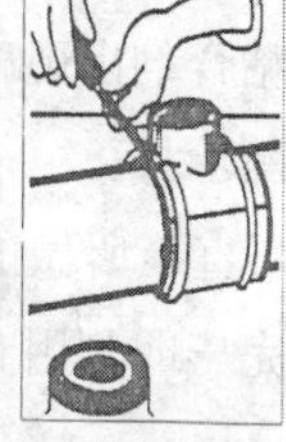

6. 将鞍座(或修补管材)压在接合面上并保压一段时间，再用金属束带将鞍座扎紧

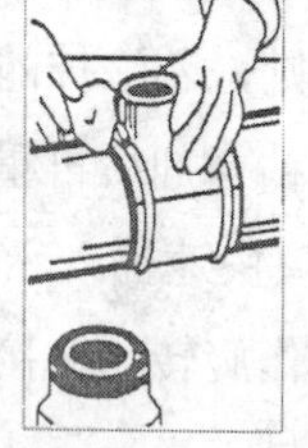

7. 清除多余胶合剂

8. 关紧胶合剂盖子，以免挥发凝固

图 6-3　分支接头及管子修补方法示意图

5. 塑料管道的橡胶圈接口连接

橡胶圈接口连接适用于管外径为 63～315 mm 的塑料管道连接，其接口形式如图 6-4 所示。

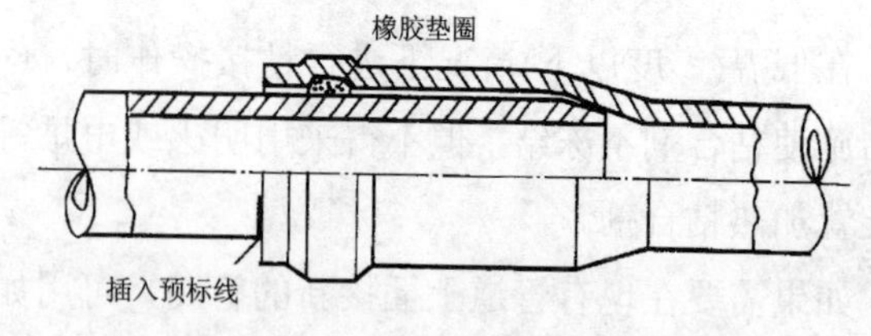

图 6-4　橡胶圈接口形式

塑料管道的橡胶圈接口连接步骤如下：

(1) 用清洁的棉纱或布清理干净承口、插口部位及橡胶圈。

(2) 检查管材、管件和橡胶圈的质量。

(3) 将橡胶圈正确地安装到承口的凹槽内，如图6-5所示。

图 6-5　装入橡胶圈

(4) 在插口管上画出插入预标线，用毛刷将润滑剂均匀地涂在管插口端的外表面上。润滑剂可用水、肥皂水、脂肪酸盐等，但严禁用油类作为润滑剂，以免加速橡胶圈的老化。

(5) 调整插口管使其与承口管保持平直，插口对准承口，视管子重量大小可采用手推、手动葫芦或其他机械装置将管子插入至预标线。若插入阻力很大，不可强行插入以免使胶圈扭曲。

(6) 用塞尺顺接口间隙插入，检查管四周的间隙是否均匀，以确保橡胶圈的安装正确。

以上是插接的基本步骤。插接的基本操作如图6-6所示。

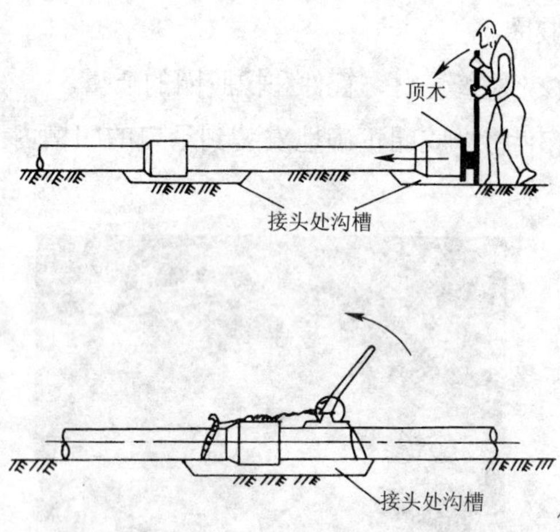

图6-6　插接操作

第 7 章　PE、PP-R 塑料管道的连接

1. 常用连接方法及管件

PE(聚乙烯)管、PP-R(聚丙烯)管常用的连接方式是熔接，按接口形式和加热方式可分为：

熔接连接
- 热熔连接：热熔承插连接、热熔鞍形连接、热熔对接连接
- 电熔连接：电熔承插连接、电熔鞍形连接

常用 PE、PP-R 管件如图 7-1 所示。图中件 1、2、5 为电熔连接管件；件 12、15、16 为带螺纹的管件，用于不同连接方式管材间的转接或阀门等带螺纹管件的连接；其余为热熔连接管件。

图 7-1　常用 PE、PP-R 管件

2. 安装的一般规定

管道连接前，应对管材和管件及附属设备按设计要求进行核对，并应在施工现场进行外观检查，符合要求方可使用。主要检查项目包括耐压等级、外表面质量、配合质量、材质的一致性等。

应根据不同的接口形式采用相应的专用加热工具，不得使用明火加热管材和管件。

采用熔接方法相连的管道，宜采用同种牌号材质的管材和管件；对于性能相似的必须先经过试验，合格后方可进行。

在寒冷气候(−5℃以下)和大风环境条件下进行连接时，应采取保护措施或调整连接工艺。

管材和管件应在施工现场放置一定的时间后再连接，以使管材和管件温度一致。

管道连接时管端应洁净，每次收工时管口应临时封堵，防止杂物进入管内。

管道连接后应进行外观检查，不合格的应马上返工。

3. 热熔连接

1) 热熔承插连接

图 7-2 所示为热熔承插焊机。热熔承插连接是指将管材外表面和管件内表面同时无旋转地插入熔接器的模头中加热数秒，然后迅速撤去熔接器，把已加热的管子快速垂直插入管件，保压、冷却的连接过程，

一般用于ϕ63 mm以下小口径塑料管道的连接。连接流程如下：检查→切管→清理接头部位及划线→加热→撤熔接器→找正→管件套入管子并校正→冷却。

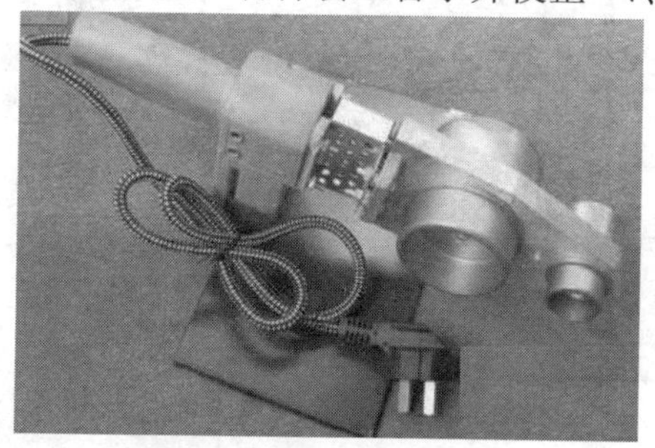

图 7-2 热熔承插焊机

(1) 检查、切管、清理接头部位及划线的要求和操作方法与 PVC-U 管粘接类似，但要求管子外径大于管件内径，以保证熔接后形成合适的凸缘。

(2) 在管材上按插入深度划线，如图 7-3 所示。

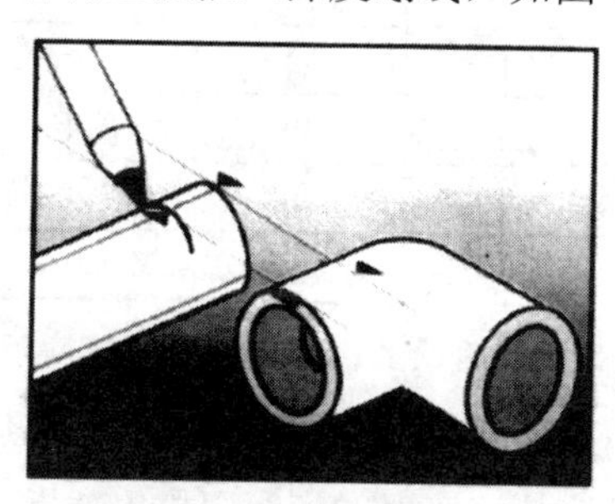

图 7-3 划插入线

(3) 加热(如图 7-4 所示)：将管材外表面和管件内表面同时垂直地插入熔接器的模头中(模头已预热到设定温度)加热数秒，加热温度为 260℃，加热时间参见表 7-1。为防止烫伤，建议带手套操作。

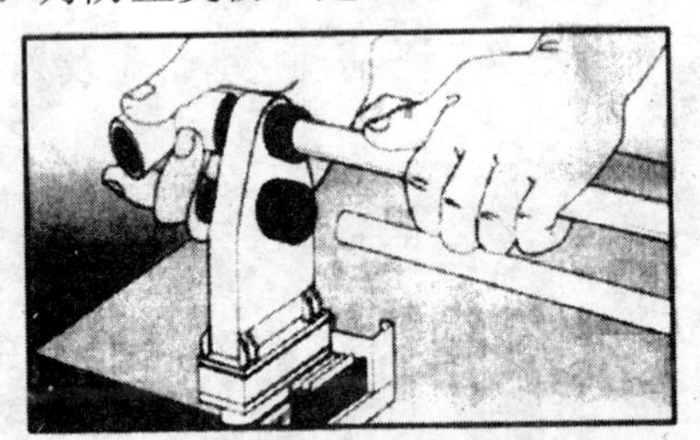

图 7-4 管子加热

表 7-1 管材内、外表面加热参数表

管材外径/mm	熔接深度/mm	热熔时间/s	接插时间/s	冷却时间/s
20	14	5	≤4	2
25	16	7	≤4	2
32	20	8	≤6	4
40	21	12	≤6	4
50	22.5	18	≤6	4
63	24	24	≤8	6
75	26	30	≤8	8
90	29	40	≤8	8
110	32.5	50	≤10	8

注：当操作环境温度低于 0℃时，加热时间应延长 1/2。

(4) 插接(如图 7-5 所示)：管材管件加热到规定的时间后，迅速从熔接器的模头中拔出并撤去熔接器，快速找正方向，将管件套入管端至划线位置，套入过程中若发现歪斜应及时校正。找正和校正可利用管材上所印的线条和管件两端面上成十字形的四条刻线作为参考。

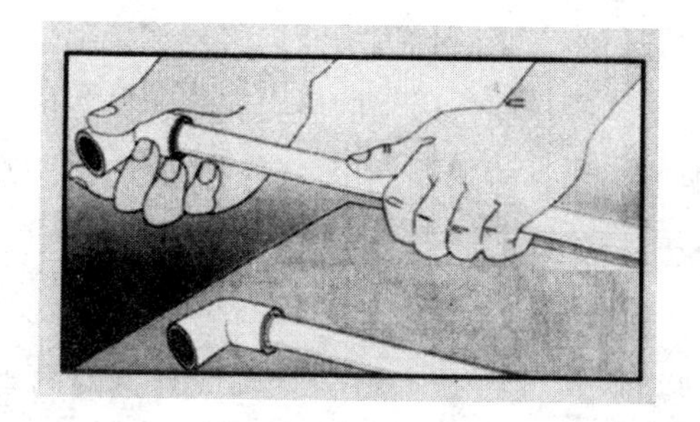

图 7-5　插接

(5) 冷却：冷却过程中不得移动管材或管件，完全冷却后才可进行下一个接头的连接操作。

2) 热熔鞍形连接

热熔鞍形连接是指将管材连接部位外表面和鞍形管件内表面加热熔化，然后把鞍形管件压到管材上，保压、冷却到环境温度的连接过程，一般用于管道接支管的连接或维修因管子小面积破裂造成漏水等场合。其连接过程为：管子支撑→清理连接部位及划线→加热→撤熔接器→找正→鞍形管件压向管子并校正→保压、冷却。

(1) 连接前应将干管连接部位的管段下部用托架支撑、固定。

(2) 用刮刀、细砂纸、洁净的棉布等清理管材连接部位的氧化层、污物等影响熔接质量的物质，并做好连接标记线。

(3) 用鞍形熔接工具(已预热到设定温度)加热管

材外表面和管件内表面，加热完毕迅速撤除熔接器，找正位置后将鞍形管件用力压向管材连接部位，使之形成均匀凸缘，保持适当的压力直到连接部位冷却至环境温度为止。鞍形管件压向管材的瞬间，若发现歪斜应及时校正。

3) 热熔对接连接

热熔对接连接是指将与管轴线垂直的两管子对应端面与加热板接触使之加热熔化，撤去加热板后迅速将熔化端压紧，并保压至接头冷却，从而连接管子。这种连接方式无需管件，连接时必须使用对接焊机(如图 7-6 所示)。其连接步骤如下：装夹管子→铣削连接面→加热端面→撤加热板→对接→保压、冷却。

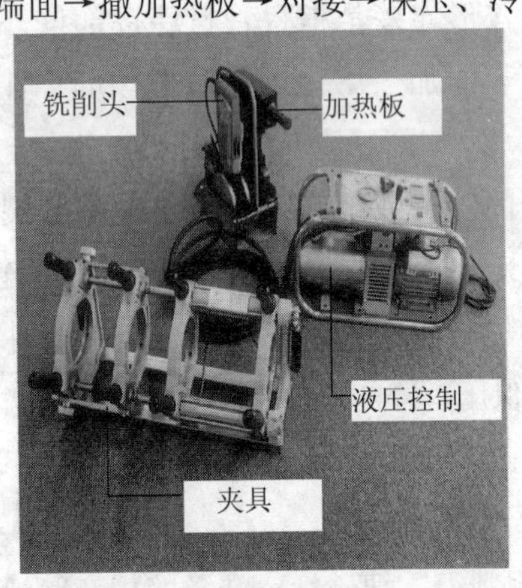

图 7-6　对接焊机

(1) 将待连接的两管子分别装夹在对接焊机的两侧夹具上，管子端面应伸出夹具 20～30 mm，并调整两管子使其在同一轴线上，管口错边不宜大于管壁厚度的10%。

(2) 用专用铣刀同时铣削两端面，使其与管轴线垂直，两待连接面相吻合。铣削后用刷子、棉布等工具清除管子内外的碎屑及污物。

(3) 当加热板的温度达到设定温度时，将加热板插入两端面间同时加热熔化两端面，加热温度和加热时间按对接工具生产厂或管材生产厂的规定。加热完毕快速撤出加热板，接着操纵对接夹具使其中一根管子移动至两端面完全接触并形成均匀凸缘，保持适当压力直到连接部位冷却到室温为止(如图7-7所示)。

图7-7　对接操作

4. 电熔连接

电熔连接是指先将两管材插入电熔管件，然后用专用焊机(如图7-8所示)按设定的参数(时间、电压等)给电熔管件通电，使内嵌电热丝的电熔管件的内表面及管子插入端的外表面同时熔化，冷却后管材和管件即熔合在一起。其特点是连接方便、迅速，接头质量好，外界因素干扰小，但电熔管件的价格是普通管件的几倍至几十倍(口径越小相差越大)，一般适合于大口径管道的连接。

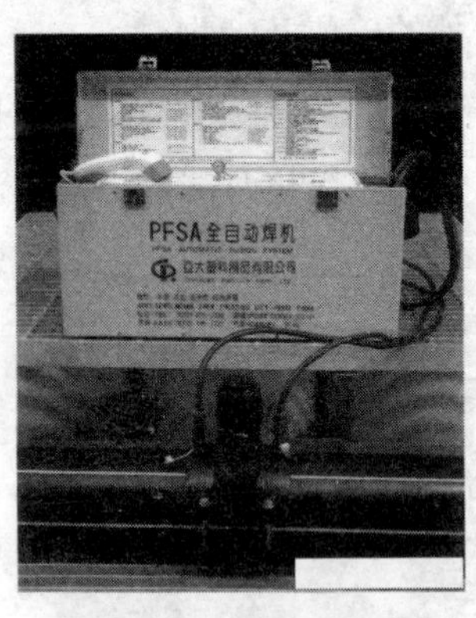

图 7-8　自动电熔焊机

1) 电熔承插连接

电熔承插连接过程如下：检查→切管→清洁接头部位→管子插入管件→校正→通电熔接→冷却。

(1) 切管：管材的连接端要求切割垂直，以保证有足够的熔融区。常用的切割工具有旋转切刀、锯弓、塑料管剪刀等。切割时不允许产生高温，以免引起管端变形。

(2) 清洁接头部位并标出插入深度线：用细砂纸、刮刀等刮除管材表面的氧化层，用干净棉布擦除管材和管件连接面上的污物，标出插入深度线。

(3) 管件套入管子：将电熔管件套入管子至规定

的深度，将焊机的电极与管件的电极连好。

(4) 校正：调整管材或管件的位置，使管材和管件在同一轴线上，防止偏心造成接头熔接不牢固、气密性不好。

(5) 通电熔接：通电加热的时间、电压应符合电熔焊机和电熔管件生产厂的规定，以保证在最佳供给电压、最佳加热时间下获得最佳的熔接接头。

(6) 冷却：由于 PE 管接头只有在全部冷却到常温后才能达到其最大耐压强度，冷却期间其他外力会使管材、管件不能保持同一轴线，从而影响熔接质量，因而冷却期间不得移动被连接件或在连接处施加外力。

2) 电熔鞍形连接

电熔鞍形连接适用于在干管上连接支管或维修因管子小面积破裂造成漏水等场合。其连接流程为：清洁连接部位→固定管件→通电熔接→冷却。

(1) 用细砂纸、刮刀等刮除连接部位管材表面的氧化层，用干净棉布擦除管材和管件连接面上的污物。

(2) 固定管件：连接前，干管连接部位应用托架支撑固定，并将管件固定好，保证连接面能完全吻合。

通电熔接和冷却过程与承插熔接相同。

第 8 章　管道的法兰连接方法

法兰连接是管道工程中经常采用的连接方法之一，其优点是结合面严密性好、强度高、拆卸方便，而且适用的尺寸范围大，但一般不宜用于埋地管道。当与阀门等管道设备相连必须用法兰连接时，应做好螺栓、螺母的防腐处理，且连接处不得覆土而应设置检查井。

法兰连接由一对法兰、一个密封垫片和若干套螺栓、螺母、平垫圈组成(如图 8-1 所示)，一般不加弹簧垫圈。法兰与管子的连接有螺纹连接、焊接连接、松套连接等。螺纹连接主要用于高压管路和输送水、煤气的镀锌管路；焊接连接主要用于法兰与一般钢管、不锈钢管的连接；松套连接的法兰盘只套在设备或管子外面，因此，法兰盘可以用与其相连的设备、管子不同性质的材料制造，适用于铜制、铅制、陶瓷、石墨、衬玻璃管以及其他非金属材料制造的设备和管子的连接。法兰盘可在市场上直接购买，法兰盘与管子的连接视不同情

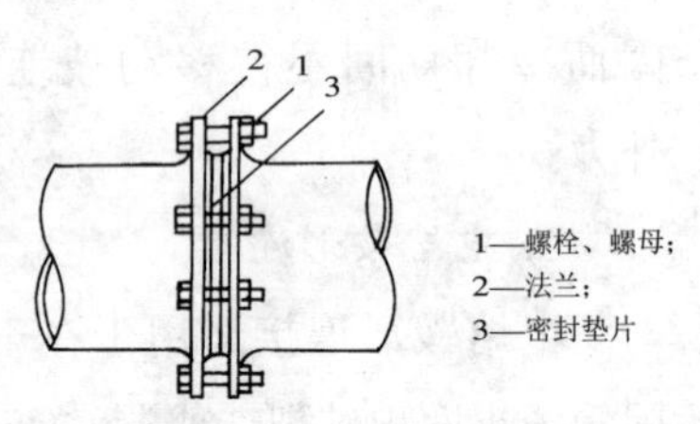

图 8-1　法兰连接结构

况采用焊接或螺纹连接(镀锌管多采用螺纹连接)。法兰连接时注意按正确的顺序收紧螺母。

1. 密封垫片的选用

法兰连接时必须在两个法兰的连接面之间加上密封垫片。垫片在法兰连接中起密封作用，根据管道输送的介质和工作压力、温度及法兰密封面形式的不同，可参照表 8-1 选用，一般冷水用普通橡胶板，热水用耐热橡胶，蒸汽用石棉胶板，油用青壳纸、耐油橡胶板等。在各种各样的法兰密封垫中，以环状平型的密封垫应用最多。

表 8-1　法兰连接工艺参数选择

输送介质	公称压力/MPa	工作温度/℃	法兰类型	垫片材料
水、盐水	≤1.0	≤60	光滑面平焊	工业橡胶板
	≤1.6	≤150		低压橡胶石棉板
压缩空气、惰性气体	≤1.0	≤60	光滑面平焊	工业橡胶板
	1.6	150		低压橡胶石棉板
	2.5	200		中压橡胶石棉板
热水、蒸汽、冷凝水、化学软水	≤1.6	≤200	光滑面平焊	低压橡胶石棉板
	2.5	≤300		中压橡胶石棉板
	2.5	300～450	光滑面对焊	石棉带缠绕式垫片
	4.0	≤450	凹凸面对焊	石棉带缠绕式垫片
	6.4	≤450		金属齿形垫片
	10	≤450	梯形槽面对焊	椭圆截面钢垫圈

续表

输送介质	公称压力/MPa	工作温度/℃	法兰类型	垫片材料
油品、油气、液化气、催化剂、溶剂、浓度小于 25％的尿素	≤1.6	≤200	光滑面平焊	耐油橡胶石棉板
	≤1.6	200～250	光滑面对焊	石棉带缠绕式垫片
	2.5	≤200	光滑面平焊	耐油橡胶石棉板
	2.5	200～450	光滑面对焊	石棉带缠绕式垫片
	4.0	≤450	凹凸面对焊	石棉带缠绕式垫片
	6.4	≤450	凹凸面或梯形槽面对焊	金属齿形或椭圆截面钢垫圈
	10～16	≤450	梯形槽面对焊	椭圆截面钢垫圈
天然气、半水煤气、氮气	≤1.6	≤300	光滑面平焊	低压橡胶石棉板
	2.5	≤300		中压橡胶石棉板
	4.0	≤450	凹凸面对焊	石棉带缠绕式垫片
	6.4	≤450		金属齿形垫片
氢气	≤6.4	≤200	光滑面平焊、凹凸面对焊	与相应压力等级的天然气相同
	≤6.4	＞200		铝垫或合金钢垫
酸、碱稀溶液	≤1.6	≤60	光滑面平焊	橡胶板、软聚氯乙烯板
苯	≤2.5	≤200	光滑面平焊	缠绕式金属包石棉垫片
乙炔、甲烷、乙烯等易燃易爆气体	≤2.5	≤200	凹凸面平焊	耐油橡胶石棉板
	4.0	≤200	凹凸面对焊	石棉带缠绕式垫片

2. 法兰连接方法和要求

法兰连接一般可按下列步骤进行：检查、清洁→粘贴密封垫→找正→穿螺栓、紧固。

(1) 检查、清洁：连接前根据管道输送的介质和工作压力、温度及法兰密封面形式的不同检查密封垫和法兰的表面质量及耐压等级是否满足要求；把法兰表面特别是密封面清理干净；检查法兰与管子轴线的垂直度，其偏差不得大于法兰盘凸台外径的0.5%且不大于 2 mm；法兰盘与管子采用焊接连接时还要检查焊缝的质量。

(2) 粘贴密封垫：密封垫的放置应平整，根据需要安放密封垫时可分别涂抹石墨粉、石墨机油调和物、二硫化钼、油脂等；采用拼接垫时不得平口对接，应采用斜口或迷宫形式搭接；对于小口径的管道，一般是先穿下侧的3～4个螺栓后再放置密封垫。

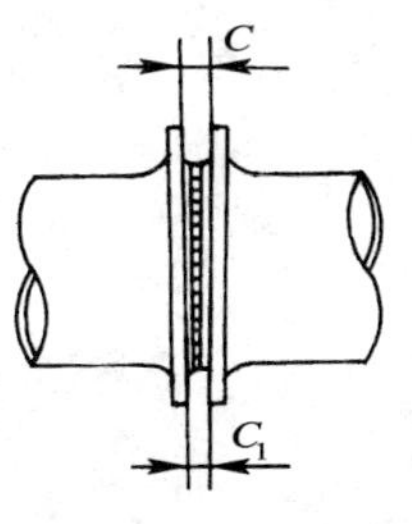

图 8-2 接口偏差

(3) 找正：调整管子位置，使相对两法兰面平行，其偏差($C-C_1$，见图 8-2)不大于法兰外径的0.5/1000，且不大于 2 mm。

(4) 穿螺栓、紧固：螺母应在法兰的同一侧，法兰连接的螺栓应为同一规格，其长度应在紧固后使螺杆露出螺母约 2 扣牙，最多不应大于螺栓直径的 1/2。对于不锈钢、合金钢螺栓和螺母，管道设计温度高于 100℃或低于 0℃的，露天设置的及有大气腐蚀或腐蚀性介质等场合，螺栓、螺母表面应涂以石墨粉、石墨机油调和物、二硫化钼，以防腐蚀。拧紧螺栓螺母时要对称、均匀(分 2～3 遍)地拧紧(如图 8-3 所示顺序)，严禁先拧紧一侧再拧紧另一侧，以防引起法兰变形造成渗漏。

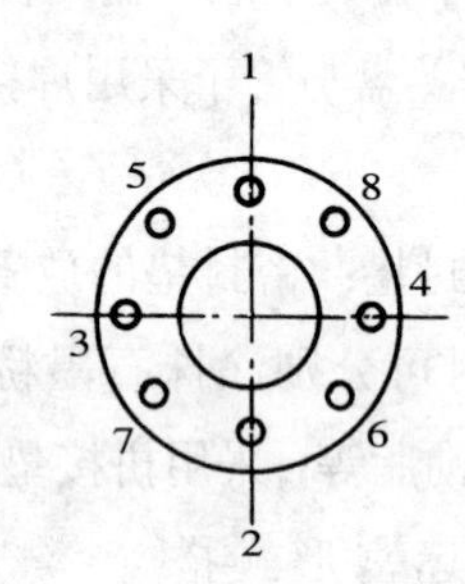

图 8-3　拧紧螺母的顺序

实训项目和要求

项目一：管道系统图纸的识读

通过现场识读第一工业中心给排水系统的管道图，了解读图的方法和步骤。

项目二：常用焊接管件的放样

掌握放样的基本方法和放样时的注意事项，并进行常用管件的放样。

项目三：镀锌管的安装

通过安装镀锌管管路，掌握：

(1) 金属管材切断及相关工具、设备的使用方法。

(2) 在管端加工螺纹的方法及相关工具的使用。

(3) 常用管件的种类和选用。

(4) 丝接管路安装方法及工具的使用。

项目四：铝塑复合管、PVC-U 管、PP-R 管的连接

要求：(1) 掌握切割管材的方法及工具的使用。

(2) 掌握铝塑复合管的连接步骤。

(3) 通过安装 PVC-U 管，掌握粘接管道的技能。

(4) 通过安装 PP-R 管，掌握热熔连接方法。

实训成绩的评定

评 分 项 目	比 例
项目一、二	30%
项目三、四	30%
平时表现	30%
实训报告	10%

参 考 文 献

[1] 李公藩. 塑料管道施工. 北京：中国建材出版社，2001.

[2] 王旭，王裕林. 管道工识图教材. 上海：上海科学技术出版社，1998.

[3] 张忠孝，张集. 管道工长手册. 北京：中国建筑工业出版社，1998.

[4] 张金和. 管道安装基本理论知识. 北京：中国建筑工业出版社，2000.

[5] 简明管道工手册. 北京：机械工业出版社，1995.

[6] 管道工基本操作技能. 北京：机械工业出版社，1995.

[7] 河北宝硕管材有限公司产品资料.

[8] 亚太塑料制品有限公司产品资料.

[9] 南塑建材塑胶制品(深圳)有限公司产品资料.

[10] 联塑科技实业有限公司产品资料.

[11] 中美合资杭州力士里奇工具有限公司产品资料.

[12] 杭州晨光塑料化工有限公司产品资料.

[13] 中国城镇供水协会. 供水管道工(内部资料).

[14] 中山利航机械制造有限公司产品资料.

[15] 安徽禹王沟槽连接件制造有限公司产品资料.

[16] 潍坊高新区华澳化工科技开发中心产品资料.

[17] 苏州工业园区德威管道机械有限公司产品资料.

图书在版编目（CIP）数据

现代管道工实用实训 / 陈斐明，刘富觉编著.
—西安：西安电子科技大学出版社，2015.2
(现代金属工艺实用实训丛书)
ISBN 978-7-5606-3627-6

Ⅰ. ①现…　Ⅱ. ①陈…　②刘…　Ⅲ. ①管道施工—高等职业教育—教材　Ⅳ. TU81

中国版本图书馆 CIP 数据核字（2015）第 022377 号

策　　划　马乐惠
责任编辑　马乐惠　秦媛媛
出版发行　西安电子科技大学出版社(西安市太白南路 2 号)
电　　话　(029)88242885　88201467　邮　编　710071
网　　址　www.xduph.com
电子邮箱　xdupfxb001@163.com
经　　销　新华书店
印刷单位　陕西天意印务有限责任公司
版　　次　2015 年 2 月第 1 版　2015 年 2 月第 1 次印刷
开　　本　787 毫米×960 毫米　1/32　印　张　5.25
字　　数　98 千字
印　　数　1～3000 册
定　　价　10.00 元
ISBN 978-7-5606-3627-6/TU

XDUP 3919001-1